QINGDAOSHI ZHUANGPEI ZHENGTISHI JIANLIQIANG JIEGOU ZHUZHAI

青岛市装配整体式剪力墙结构住宅

SHEJI ZHILIANG TONGBING FANGZHI DAOZE

设计质量通病防治导则

青岛市住房和城乡建设局　编

中国海洋大学出版社
·青岛·

图书在版编目（CIP）数据

青岛市装配整体式剪力墙结构住宅设计质量通病防治
导则 / 青岛市住房和城乡建设局编 . —青岛：中国海
洋大学出版社，2022.4

ISBN 978-7-5670-3146-3

Ⅰ. ①青… Ⅱ. ①青… Ⅲ. ①装配式混凝土结构—剪
力墙结构—建筑设计—质量控制—青岛 Ⅳ. ① TU398

中国版本图书馆 CIP 数据核字（2022）第 068207 号

出版发行	中国海洋大学出版社	
社　　址	青岛市香港东路 23 号	**邮政编码**　266071
出 版 人	杨立敏	
网　　址	http://pub.ouc.edu.cn	
电子信箱	1193406329@qq.com	
订购电话	0532-82032573（传真）	
责任编辑	孙宇菲	**电　　话**　0532-85902349
印　　制	青岛国彩印刷股份有限公司	
版　　次	2022 年 4 月第 1 版	
印　　次	2022 年 4 月第 1 次印刷	
成品尺寸	260 mm × 185 mm	
印　　张	8.75	
字　　数	192 千	
印　　数	1 ～ 3300	
定　　价	46.00 元	

发现印装质量问题，请致电 0532-58700166，由印刷厂负责调换。

青岛市住房和城乡建设局文件

青建办字〔2021〕92 号

青岛市住房和城乡建设局关于印发青岛市装配整体式剪力墙结构住宅设计质量通病防治导则 青岛市装配式钢结构建筑施工与验收技术导则的通知

各有关单位：

为进一步构建完备装配式建筑技术体系，推进新型建筑工业化发展，根据国家、省、市相关规定和技术标准，结合装配式建筑发展需要，我局组织编制了《青岛市装配整体式剪力墙结构住宅设计质量通病防治导则》和《青岛市装配式钢结构建筑施工与验收技术导则》，现予印发，请遵照执行。

青岛市住房和城乡建设局

2021 年 12 月 10 日

前言
Preface

为加快装配整体式混凝土剪力墙结构住宅的推广应用,减少设计质量通病,促进青岛市建筑产业化的发展,在分析以往装配式建筑方案中出现的常见、多发问题,有针对性地提出解决方法,编制形成本导则。

本导则共分 5 章,包括总则、术语、前期技术策划、建筑设计、结构设计。

本导则由青岛市住房和城乡建设局负责管理,由青岛市建筑节能与产业化发展中心、青岛市建筑设计研究院集团股份有限公司负责具体内容解释。

请各单位在执行本导则过程中,注意积累资料与数据,如有意见建议及时向编制单位反馈,供今后修订参考。

主 编 单 位:青岛市建筑节能与产业化发展中心

青岛市建筑设计研究院集团股份有限公司

参 编 单 位:青岛理工大学

荣华(青岛)建设科技有限公司

青岛新世纪预制构件有限公司

青岛上流远大住宅工业有限公司

主要起草人员:贾壮普　李　毅　崔玉敏　何海东　邱玉龙　刘　欢

王建龙　王克青　李成奇　董云萍　韩俊良　江龙龙

崔　联　高令猛　于　波　刘　敏　王　轩　陶　锐

刘　涛　周兴华　郁有升　姜云雷　杨迎春　曹靖翎

梁　峰

主要审查人员:王　伟　赵　勇　高志强　崔士起　张建筑　郁有升

曹西晨

目录

Contents

1 总 则

1.0.1 为促进建筑工业化技术的发展,在装配整体式剪力墙结构住宅的设计中,贯彻执行国家的技术经济政策,做到安全适用、技术先进、经济合理、确保质量、绿色环保,制定本导则。

1.0.2 本导则适用于青岛市抗震设防烈度为 7 度、抗震设防类别为丙类的装配整体式剪力墙结构住宅设计质量通病防治。

1.0.3 装配整体式剪力墙结构住宅设计除应符合本导则外,尚应符合国家、山东省及青岛市现行有关标准的规定。

2 术 语

2.0.1 预制混凝土构件 precast concrete component

在工厂或现场预先制作的混凝土构件,简称预制构件。

2.0.2 装配整体式混凝土结构 monolithic precast concrete structure

由预制混凝土构件通过可靠的方式进行连接,并与现场浇筑的混凝土形成整体的混凝土结构,简称装配整体式混凝土结构。

2.0.3 装配整体式混凝土剪力墙结构 monolithic precast concrete shear wall structure

全部或部分剪力墙采用预制墙板构建成的装配整体式混凝土剪力墙结构。

2.0.4 预制混凝土夹心保温外墙板 precast concrete sandwich facade panel

中间夹有保温层的预制混凝土外墙板,简称夹心外墙板。

2.0.5 混凝土粗糙面 concrete rough surface for shear resisting

预制构件结合面上用于抗剪的凹凸不平或骨料显露的表面,简称粗糙面。

2.0.6 钢筋套筒灌浆连接 grout sleeve splicing of rebars

在金属套筒中插入单根带肋钢筋并注入灌浆料拌合物,通过拌合物硬化形成整体并实现传力的钢筋对接连接,简称套筒灌浆连接。

2.0.7 钢筋连接用灌浆套筒 grout sleeve for rebar splicing

采用铸造工艺或机械加工工艺制造,用于钢筋套筒灌浆连接的金属套筒,简称灌浆套筒。灌浆套筒可分为全灌浆套筒和半灌浆套筒。

2.0.8 钢筋连接用套筒灌浆料 cementitious grout for rebar sleeve splicing

以水泥为基本材料,并配以细骨料、外加剂及其他材料混合而成的用于钢筋套筒灌浆连接的干混料,简称灌浆料。

3　前期技术策划

3.1　基本规定

3.1.1　项目实施单位认为装配整体式剪力墙结构住宅结构设计等同现浇,按照现浇结构先行方案设计,在施工图阶段组织装配式设计,造成装配式建筑方案实施困难。

【规定】

《装配式混凝土建筑技术标准》(GB/T 51231—2016) 3.0.8 条条文说明:

在建筑设计前期,应结合当地的政策法规、用地条件、项目定位进行技术策划。技术策划包括设计策划、部品部件生产和运输策划、施工安装策划和经济成本策划。

设计策划应结合总图概念方案合理选择场区内装配式建筑楼座,并根据建筑单体概念方案,对建筑平面、结构系统、外围护系统、设备管线系统、内装系统等进行标准化设计策划,并结合成本估算,选择相应的技术配置。

部品部件生产策划根据供应商的技术水平、生产能力和质量管理水平,确定供应商范围;部品部件运输策划应根据供应商生产基地与项目用地的距离、道路情况、交通管理及场地放置等条件,选择稳定可靠的运输方案。

施工安装策划应根据建筑概念方案,确定施工组织方案、关键施工技术方案、机具设备的选择方案、质量保障方案等。

经济成本策划要确定项目的成本目标,并对装配式建筑实施重要环节的成本优化提出具体指标和控制要求。

【分析与措施】

装配整体式剪力墙结构住宅技术策划应在项目规划审批立项前进行,对技术选型、技术经济可行性和可建造性进行评估,并应科学合理地确定建造目标与技术实施方案,以满足自然资源和规划部门以及建设主管部门出具的土地招拍挂合同、项目建设条件意见书、其他政府相关文件的要求。

3.1.2 住宅建筑设计方案与装配式建筑标准化、模数化设计原则不符。

1 标准构件较少,造成构件加工效率低、成本高。

2 异型构件较多,生产、运输和吊装难度较大。

3 构件尺寸偏小,连接节点较多。

【分析与措施】

装配整体式剪力墙结构住宅设计应遵循"少规格、多组合"的原则。

建筑方案设计应考虑装配式建筑特点,宜减少户型和预制构件种类,做到"少规格、多组合",应重视标准化和模数化设计。

1 充分考虑单元组合影响:常规镜像户型的 PC 模板不能统一,会增加 PC 模板种类,增加建造成本。应调整户型组合方式,减少子项(图 3.1.2-1)。

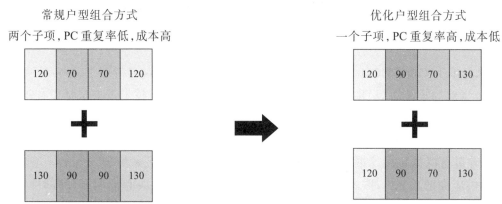

图 3.1.2-1 户型组合方式

2 统一建筑开间尺寸,减少 PC 模板数量,降低成本(图 3.1.2-2)。

(1)统一附属空间(卫生间、厨房等)开间尺寸;

(2)主要空间(主卧、客厅等)开间尺寸尽可能统一。

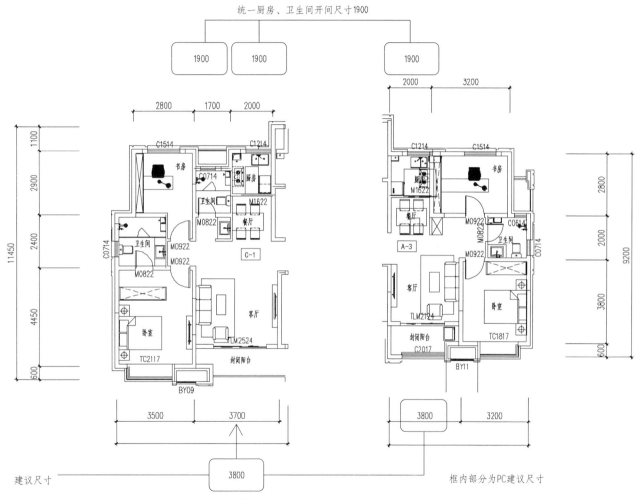

图 3.1.2-2　建筑开间尺寸示意图

3 楼座标准层宜避免采用较大外凸线脚造型(图 3.1.2-3)。

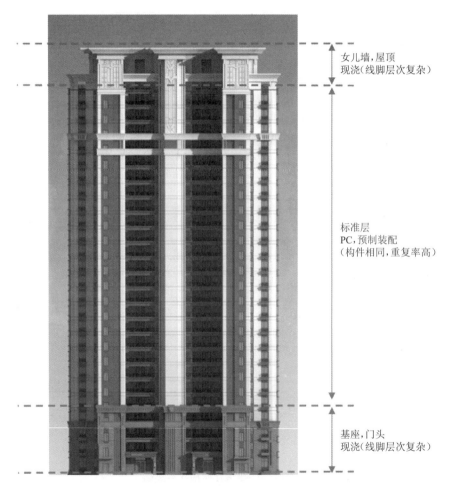

女儿墙,屋顶
现浇(线脚层次复杂)

标准层
PC,预制装配
(构件相同,重复率高)

基座,门头
现浇(线脚层次复杂)

图 3.1.2-3 楼座预制装配图

3.1.3　装配式建筑设计方案文本深度不足。

1　装配式建筑面积占比计算深度不足。

2　装配式建筑实施方案深度不满足装配率计算要求,且缺乏必要的图纸和实施项设计说明。

3　装配率计算深度不足,必要计算图纸和计算表格缺项。

4　缺乏必要的其他专业附图和政府文件资料。

【分析与措施】

装配整体式剪力墙住宅装配式设计方案文本深度应满足《青岛市装配式建筑评价方案评价资料文本深度要求》的规定。详见附录 A 文件。

3.2　建筑面积占比

3.2.1　项目的装配式建筑面积占比小于地方自然资源和规划局出具的土地招拍挂文件要求和地方住房和城乡建设局项目规划条件意见书等的政策文件要求。

【分析与措施】

青岛地区装配式建筑面积占比 = 项目装配式楼座总地上建筑面积 / 项目总地上建筑面积。

总地上建筑面积 = 项目地上计容建筑面积 + 项目地上不计容建筑面积 + 项目不计容奖励面积(外页板面积 + 保温层面积 + 内页板面积)。

3.2.2　装配式建筑评价单元选取错误。以抗震缝分界的两部分住宅作为两个单体建筑,一部分采用现浇结构,另一部分采用装配式建筑,以降低装配式建筑面积占比。

【规定】

《装配式建筑评价标准》(DB37/T 5127—2018)3.0.1 条条文说明:装配率计算和装配式建筑等级评价应以单体建筑作为计算和评价单元,并应符合下列规定。

1　单体建筑应按项目规划批准文件的建筑编号确认。

2　建筑由主楼和裙房组成时,主楼和裙房可按不同的单体建筑进行计算和评价(图 3.2.2)。

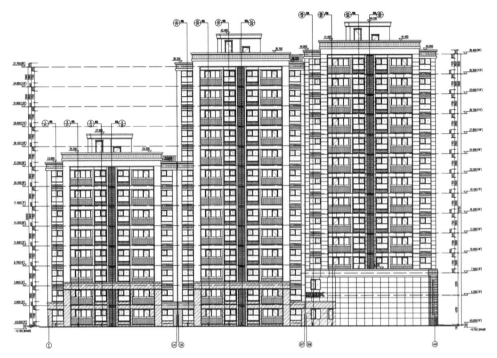

图 3.2.2　带裙房的主楼建筑图

3.0.1 条条文说明:以单体建筑作为装配式建筑评价的基本单元,主要基于单体建筑是构成整个建筑活动的工作单元和产品,能全面、系统地反映装配式建筑的特点,具有较好的可操作性。

对于单体建筑的划分,可依据有利于简化评价操作、提高评价效率的原则,允许根据项目具体情况确认比较复杂的建筑可在预评价中具体研究,确定评价单元的划分及评价方式。

对于主楼带有裙房的建筑项目,主楼和裙房可分别按不同的单体建筑进行计算,并遵循以下原则。

1　主楼与裙房可按主楼标准层正投影范围或变形缝确认分界。

2　当裙房涉及多个高层塔楼时,每个高层塔楼可作为一个单体建筑,整个裙房可作为一个单体建筑进行计算和评价。

3 如果将裙房高度范围内的主楼部分纳入了裙房单体中计算装配率,则计算主楼装配率时,以裙房屋面高度以上部分作为一个单体建筑。

【分析与措施】

1 考虑青岛地区装配式建筑应用情况,由抗震缝分界的两部分住宅不应作为两个单体建筑进行计算和评价。

2 对上部主楼采取装配式技术,下部或周边裙房未采用装配式技术建筑,下部或周边裙房建筑面积不应计入装配式建筑面积。

3.2.3 装配式建筑设计方案文本中,装配式建筑面积计算深度不足。

【分析与措施】

装配式建筑设计方案文本中,装配式建筑面积计算应区分装配式建筑楼座及单体楼座主楼与裙楼装配式技术应用情况分别计算装配式建筑面积(图 3.2.3-1、图 3.2.3-2、表 3.2.3)。

项目计算应用举例:

图 3.2.3-1　项目计算图一

图 3.2.3-2 项目计算图二

表 3.2.3 项目应用计算表

楼号	建筑高度（m）	楼层	单体装配式楼座地上建筑面积（m²）				单体地下＋地上建筑面积（m²）		内页板＋保温面积 g（m²）	项目地上总计容建筑面积 h（m²）
			计容面积 a（m²）	不计容（外页板）面积 b（m²）	采用装配式技术配套建筑面积 c（m²）	小计 d=a+b+c（m²）	地下投影 e（m²）	小计 f=d+e（m²）		
6#	52.09	18	7281.53	38.25	432.5	7752.28	543.03	8295.31	133.87	
7#	52.09	18	8762.76	43.42	0	8806.18	543.03	9349.21	151.97	53332.71
合计			16044.29	81.67	432.5	16558.46	1086.06	17644.52	285.84	
总地上建筑面积 y=b+h（m²）			53414.38							
装配式建筑面积占比 i=d/y			31.00%（内页板和保温面积奖励未计入）							

3.3 装配率计算

3.3.1 装配率计算中,预制剪力墙板之间竖向现浇段和水平后浇带、圈梁的后浇混凝土体积计算错误。

【规定】

《装配式建筑评价标准》(DB37/T 5127—2018) 4.0.3 条条文说明:在混凝土结构体系中,当符合下列规定时,主体结构竖向构件间连接部分的后浇混凝土体积可计入预制混凝土体积计算。

预制剪力墙板之间宽度不大于 600 mm 的竖向现浇段和高度不大于 300 mm 的水平后浇带、圈梁的后浇混凝土体积。

【分析与措施】

计算举例:预制剪力墙端头后浇段小于 600 mm 可以计入预制混凝土体积内(图 3.3.1、表 3.3.1)。

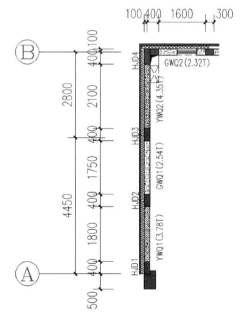

图 3.3.1 预制剪力墙布置图

表 3.3.1 预制剪力墙体积统计表

预制剪力墙体积统计				
分类	长度（m）	宽度（m）	高度（m）	体积（m³）
YWQ1 内页板	1.8	0.2	2.8	1.01
YWQ1 保温板	2.4	0.08	2.8	0.54
YWQ1 外页板	2.4	0.06	2.8	0.40
YWQ2 内页板	2.1	0.2	2.8	1.18
YWQ2 保温板	2.7	0.08	2.8	0.60
YWQ2 外页板	2.7	0.06	2.8	0.45
HJD2	0.4	0.2	2.8	0.22
HJD3	0.4	0.2	2.8	0.22
HJD4	0.5	0.2	2.8	0.28
预制剪力墙体积合计（m³）				4.90

3.3.2 剪力墙与填充墙混合预制,预制填充墙计入竖向构件体积,造成竖向构件装配率计算值偏大,计算错误。

【分析与措施】

剪力墙与填充墙混合预制,预制填充墙不应计入竖向构件体积。

计算举例(图 3.3.2-1、图 3.3.2-2、表 3.3.2):

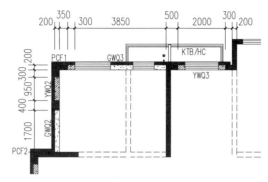

图 3.3.2-1 GWQ3 中剪力墙与填充墙混合预制示例图

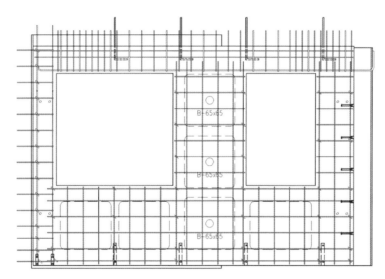

图 3.3.2-2 GWQ3 墙板详图

表 3.3.2 GWQ3 剪力墙体积统计表

GWQ3 中剪力墙体积统计				
分类	长度（m）	宽度（m）	高度（m）	体积（m³）
内页板	0.3	0.2	2.8	0.17
保温板	0.3	0.08	2.8	0.07
外页板	0.3	0.06	2.8	0.05
预制剪力墙体积合计（m³）				0.29

3.3.3　竖向构件装配率计算中,混凝土总体积计算未包含外叶板和保温层厚度体积,但预制构件分子计算包含外叶板和保温体积,造成装配率计算错误。

【规定】

《装配式建筑评价标准》（DB37/T 5127—2018）4.0.2 条条文说明:在混凝土结构体系中,柱、支撑、承重墙、延性墙板等主体结构竖向构件主要采用混凝土材料时,预制部品部件或工业化技术建造部件的计算比例应按下式计算:

$$Q'_{1a} = V_{1a}/V \times 100\% \quad (4.0.2)$$

式中, Q'_{1a} ——柱、支撑、承重墙、延性墙板等主体结构竖向构件中预制部品部件或工业化技术建造部件的计算比例;

V_{1a} ——柱、支撑、承重墙、延性墙板等主体结构竖向构件中预制混凝土体积（包括等效预制混凝土体积）之和,符合本标准第 4.0.3 条规定的预制构件间连接部分的后浇混凝土体积也可计入计算;

V ——柱、支撑、承重墙、延性墙板等主体结构竖向构件总体积。

【分析与措施】

预制夹心保温剪力墙墙板中的外叶板混凝土及保温层体积在竖向构件装配率计算中应计入竖向构件混凝土总体积中。

单体楼座竖向构件装配率计算示例（图 3.3.3-1、图 3.3.3-2、表 3.3.3-1、表 3.3.3-2）:

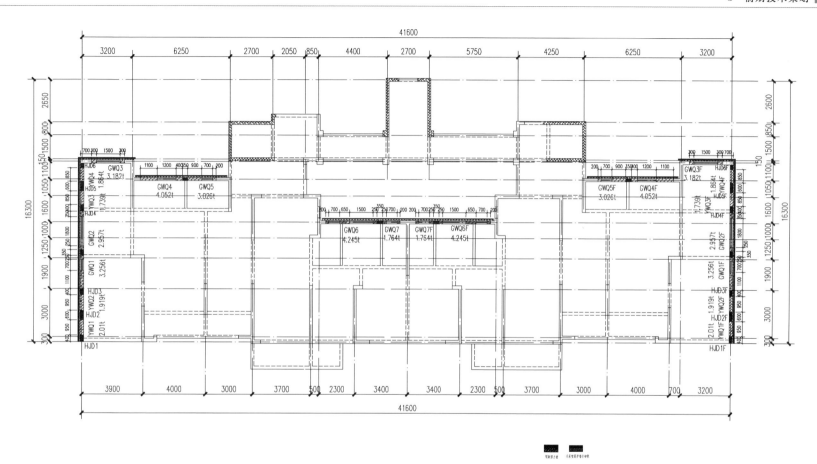

图 3.3.3-1　预制构件平面图

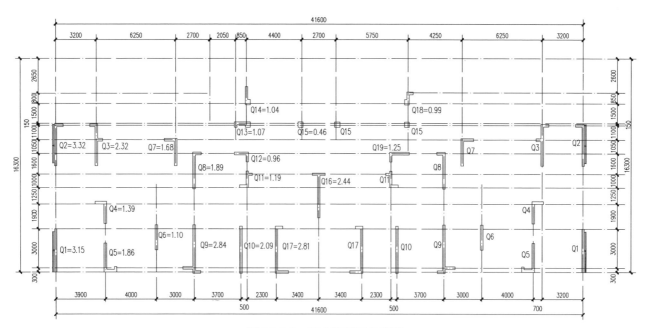

图 3.3.3-2 剪力墙平面布置图

表 3.3.3-1 竖向构件总体积计算表

构件名称	剪力墙	数量	内页板		外页板		保温板		高(m)	单个体积(m³)
			长(m)	厚(m)	长(m)	厚(m)	长(m)	厚(m)		
剪力墙	Q1	2	3.3	0.2	3.07	0.06	3.01	0.08	2.9	3.15
	Q2	2	3.7	0.2	2.95	0.06	2.85	0.08	2.9	3.32
	Q3	2	4.0	0.2	0	0	0	0	2.9	2.32
	Q4	2	2.4	0.2	0	0	0	0	2.9	1.39
	Q5	2	3.2	0.2	0	0	0	0	2.9	1.86

构件名称	剪力墙	数量	内页板		外页板		保温板		高(m)	单个体积(m³)
			长(m)	厚(m)	长(m)	厚(m)	长(m)	厚(m)		
剪力墙	Q6	2	1.9	0.2	0	0	0	0	2.9	1.10
	Q7	2	2.9	0.2	0	0	0	0	2.9	1.68
	Q8	2	3.25	0.2	0	0	0	0	2.9	1.89
	Q9	2	4.9	0.2	0	0	0	0	2.9	2.84
	Q10	2	3.6	0.2	0	0	0	0	2.9	2.09
	Q11	2	2.05	0.2	0	0	0	0	2.9	1.19
	Q12	1	1.65	0.2	0	0	0	0	2.9	0.96
	Q13	1	1.85	0.2	0	0	0	0	2.9	1.07
	Q14	1	1.8	0.2	0	0	0	0	2.9	1.04
	Q15	3	0.4	0.2	0	0	0	0	2.9	0.46
	Q16	1	4.2	0.2	0	0	0	0	2.9	2.44
	Q17	2	4.85	0.2	0	0	0	0	2.9	2.81
	Q18	1	1.7	0.2	0	0	0	0	2.9	0.99
	Q19	1	2.15	0.2	0	0	0	0	2.9	1.25
合　计										60.407
4～18层剪力墙总体积										906.105

表 3.3.3-2　竖向预制构件装配率计算表

构件名称	预制墙	数量	内页板		外页板		保温板		高(m)	单个体积(m³)
			长(m)	厚(m)	长(m)	厚(m)	长(m)	厚(m)		
剪力墙	YWQ1	1	0.95	0.2	1.64	0.06	1.62	0.08	2.9	1.212
	YWQ2	1	0.95	0.2	1.43	0.06	1.39	0.08	2.9	1.122

构件名称	预制墙	数量	内页板		外页板		保温板		高（m）	单个体积（m³）
			长（m）	厚（m）	长（m）	厚（m）	长（m）	厚（m）		
剪力墙	YWQ3	1	0.85	0.2	1.33	0.06	1.29	0.08	2.9	1.024
	YWQ4	1	0.85	0.2	1.62	0.06	1.56	0.08	2.9	1.137
	HJD1	1	0.4	0.2	0	0	0	0	2.9	0.232
	HJD2	1	0.6	0.2	0	0	0	0	2.9	0.348
	HJD3	1	0.4	0.2	0	0	0	0	2.9	0.232
	HJD4	1	0.4	0.2	0	0	0	0	2.9	0.232
	HJD5	1	0.6	0.2	0	0	0	0	2.9	0.348
	HJD6	1	0.3	0.2	0	0	0	0	2.9	0.174
	YWQ1F	1	0.95	0.2	1.64	0.06	1.62	0.08	2.9	1.212
	YWQ2F	1	0.95	0.2	1.43	0.06	1.39	0.08	2.9	1.122
	YWQ3F	1	0.85	0.2	1.33	0.06	1.29	0.08	2.9	1.024
	YWQ4F	1	0.85	0.2	1.62	0.06	1.56	0.08	2.9	1.137
	HJD1F	1	0.4	0.2	0	0	0	0	2.9	0.232
	HJD2F	1	0.6	0.2	0	0	0	0	2.9	0.348
	HJD3F	1	0.4	0.2	0	0	0	0	2.9	0.232
	HJD4F	1	0.4	0.2	0	0	0	0	2.9	0.232
	HJD5F	1	0.6	0.2	0	0	0	0	2.9	0.348
	HJD6F	1	0.3	0.2	0	0	0	0	2.9	0.174
合　计										12.122
4～18层预制剪力墙总体积										181.83
单层剪力墙总体积										60.407

构件名称	预制墙	数量	内页板		外页板		保温板		高（m）	单个体积（m³）
			长（m）	厚（m）	长（m）	厚（m）	长（m）	厚（m）		
4～18 层剪力墙总体积										906.105
竖向构件应用比例										20.17%
竖向构件得分										15.02

3.3.4　评价项目采用了《装配式建筑评价标准》（DB37/T 5127—2018）规定范围以外的装配式建筑新技术时的装配率计算原则。

【分析与措施】

评价项目采用了《装配式建筑评价标准》（DB37/T 5127—2018）规定范围以外的装配式建筑新技术时，可采取专家论证的方式确定评价方法和细则。

对混合结构等省标未规定装配率计算方法的结构体系，建议参考《上海市装配式建筑单体预制率和装配率计算细则》（沪建建材〔2019〕765 号）规定的权重系数法规定计算装配率。

4 建筑设计

4.1 基本规定

4.1.1 装配专业未与建筑、结构、机电、精装等专业和生产、施工企业进行前期充分沟通即开展装配设计,造成设计、生产运输和施工安装困难,错漏碰缺问题较多。

【规定】

《装配式混凝土技术规程》(JGJ 1—2014)3.0.1 条条文说明:装配式结构与全现浇混凝土结构的设计和施工过程是有一定区别的。对于装配式结构,建筑、设计、施工制作各单位在方案设计阶段就需要进行协同工作,共同对建筑平面和立面根据标准化原则进行优化,对应用预制构件的技术可行性和经济性进行论证,共同进行整体策划,提出最佳方案。与此同时,建筑、结构、设备、装修等各专业应密切配合,对预制构件的尺寸和形状、节点构造等提出具体技术要求,并对制作、运输、安装和施工全过程的可行性及造价等作出预测。此项工作对建筑功能和结构布置的合理性,以及对工程造价等都会产生较大的影响,是十分重要的。

4.1.2 装配式建筑建筑专业设计未考虑标准化、模数化设计。

【规定】

《装配式混凝土技术规程》(JGJ 1—2014)3.0.2 条条文说明:装配式建筑的建筑设计,应在满足建筑功能的前提下,实现基本单元的标准化定型,以提高定型的标准化建筑构配件的重复使用率,这将非常有利于降低造价。

4.1.3 装配整体式剪力墙住宅预制外墙采用预制实心混凝土墙,保温层采用粘锚结合方式安装(图 4.1.3-1)。

图 4.1.3-1　粘锚结合保温层脱落

【分析与措施】

青岛地区为寒冷地区,采用粘锚结合外墙粘贴保温板形式,较难实现外墙保温层与结构同寿命要求。装配整体式剪力墙住宅预制外墙应采用夹心保温外墙(图 4.1.3-2)。

图 4.1.3-2　预制夹心保温外墙板

4.1.4 装配整体式剪力墙结构住宅采用转角窗,影响结构整体抗震性能(图 4.1.4)。

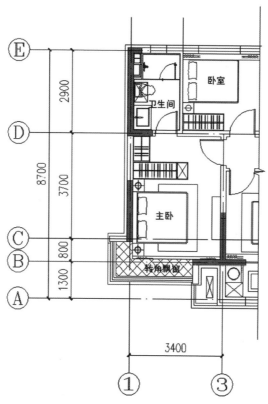

图 4.1.4 转角窗建筑示意图

【规定】

《装配式混凝土结构技术规程》(JGJ 1—2014) 5.2.3 条条文说明:门窗洞口宜上下对齐、成列布置,其平面位置和尺寸应满足结构受力及预制构件设计要求,剪力墙结构中不宜采用转角窗。

【分析与措施】

考虑青岛地区装配式建筑设计、施工实际情况,装配整体式剪力墙结构住宅不应采用转角窗。

4.1.5 楼梯设计未考虑装配式混凝土结构特点及预制楼梯挑耳影响,造成预制楼梯梯梁承托于入户门顶,影响建筑品质(图 4.1.5-1～图 4.1.5-3)。

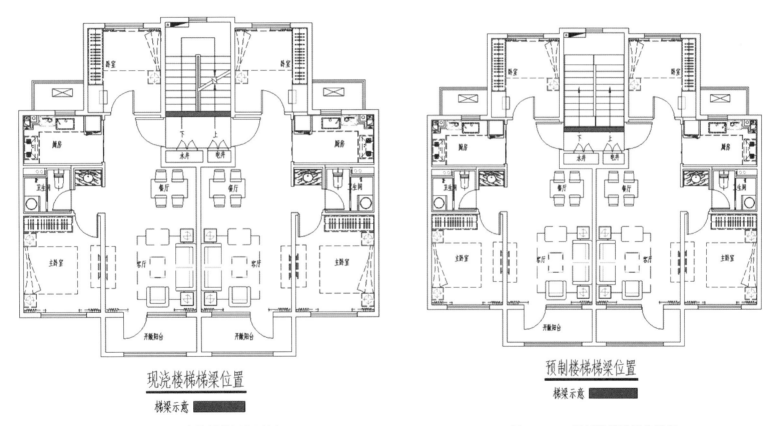

图 4.1.5-1　现浇楼梯梯梁位置图　　　　　　图 4.1.5-2　预制楼梯梯梁位置图

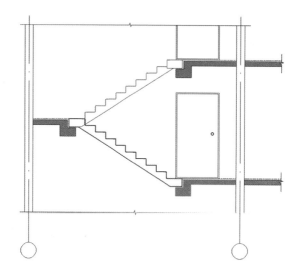

图 4.1.5-3　预制楼梯门顶过梁示意图

【分析与措施】

楼梯设计宜考虑装配式混凝土结构特点,保证建筑使用品质。楼梯间宜采用标准化尺寸(表 4.1.5、图 4.1.5-4)。

表 4.1.5　双跑楼梯标准化尺寸一览表

楼梯样式	层高(m)	楼梯间宽度 (净宽 mm)	梯井宽度 (mm)	梯段板水平投 影长(mm)	梯段板宽 (mm)	梯段板厚 (mm)	踏步高(mm)	踏步宽(mm)	混凝土方量 (m³)	梯段板重(t)
双跑楼梯	2.90	2500	100	2880	1180	120	161.1	260	0.745	1.94
	2.95	2500	100	2880	1180	120	163.9	260	0.751	1.95
	3.00	2500	100	2880	1180	120	166.7	260	0.756	1.97

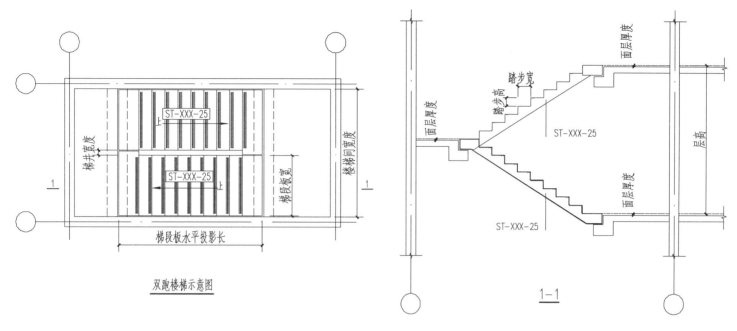

图 4.1.5-4　双跑楼梯图

4.2　外立面设计

4.2.1　预制混凝土夹心保温外墙板外叶墙板间接缝构造设计不当,造成外立面因为接缝变形而产生墙面粉刷层起鼓(图 4.2.1)。

【分析与措施】

预制混凝土夹心保温外墙板外叶墙板在温差作用下易产生双向伸缩,从而导致外叶墙板之间的接缝产生变形。根据既往工程经验,拼缝如采用抹灰等湿作业方式盖缝,会因为接缝变形而产生墙面粉刷层起鼓的现象。

预制混凝土夹心保温外墙板外叶墙板间接缝应采用建筑密封胶进行封闭,拼缝宜外露,拼缝位置不宜采用挂网抹灰等湿作业方式覆盖。

图 4.2.1 外叶板拼缝位置因采用耐碱网格布封闭后粉刷造成的外立面起鼓

4.2.2 预制夹心保温外墙板的外页板拼缝设置位置未与建筑专业沟通,影响建筑外立面协调(图 4.2.2-1)。

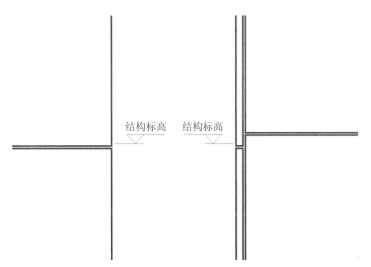

图 4.2.2-1 夹心保温外墙板因上翻梁造成的水平错缝

【分析与措施】

1 装配整体式剪力墙结构住宅的预制混凝土夹心保温外墙板的接缝一般考虑结构布置和预制构件重量等因素进行设计,其水平和竖向接缝在建筑立面方案设计时应统筹考虑。在预制混凝土夹心保温外墙板与普通围护墙交接部位的水平和竖向连接构造时也应进行整体协调考虑。

2 建筑立面拼缝设计图纸应完整表达并作为建筑立面设计元素融入建筑立面设计中。

装配整体式剪力墙结构住宅设计应绘制夹心保温外墙板立面拼装外视图(图 4.2.2-2),明确外页墙板尺寸和外页板拼缝位置,拼缝位置应与建筑外立面设计协调(图 4.2.2-3)。

图 4.2.2-2 夹心保温外墙板立面拼装外视图

图 4.2.2-3 根据预制墙板拼缝划分的外墙立面完成实景照片

4.3 外墙接缝和连接设计

4.3.1 预制夹心保温外墙板的接缝防水部位设计深度不足或遗漏,造成使用阶段建筑外墙渗漏(图 4.3.1-1)。

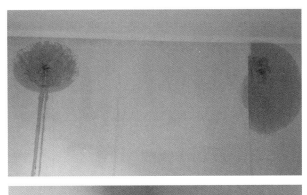

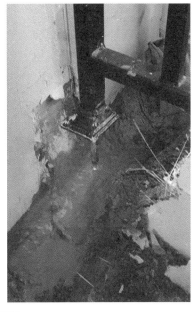

图 4.3.1-1　建筑外墙渗漏图

【规定】

《装配式混凝土技术规程》（JGJ 1—2014）5.3.4 条条文说明：预制夹心保温外墙板的接缝及门窗洞口等防水部位薄弱位置宜采取材料防水和构造防水相结合的做法，并应符合下列规定。

　　1　墙板水平缝宜采用高低缝或企口缝构造。

　　2　墙板竖缝可采用平口或槽口构造。

　　3　当板缝空腔需设置导水管排水时，板缝内侧应增设气密条密封构造。

《预制混凝土外挂墙板应用技术标准》（JGJ/T 458—2018）5.3.5 条条文说明：外挂墙板系统的排水构造应符合下列规定。

　　1　建筑首层底部应设置排水孔等排水设施。

　　2　受热带风暴和台风袭击地区的建筑以及其他地区的高层建筑宜在十字交叉缝上部的垂直缝中设置导水管等排水设施，且排水管竖向间距不宜超过 3 层。

  3 当垂直缝下方因门窗等开口部位被隔断时,应在开口部位上部垂直缝处设置导水管等排水设施。

  4 仅设置一道材料防水且接缝设置排水措施时,接缝内侧应设置气密条。

  5.3.6 条条文说明:导水管应采用单项向导水管,管内径不应小于 10 mm,外径不应大于接缝宽度,在密封胶表面的外露长度不应小于 5 mm。

【分析与措施】

结合青岛地区实际,建议做法措施如下。

  1 预制夹心保温外墙板水平缝、竖向缝和外页板排水导管建议做法详图(图 4.3.1-2～图 4.3.1-4)。

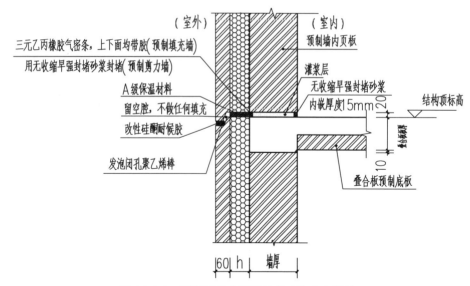

图 4.3.1-2 预制墙体水平缝处理建议节点做法

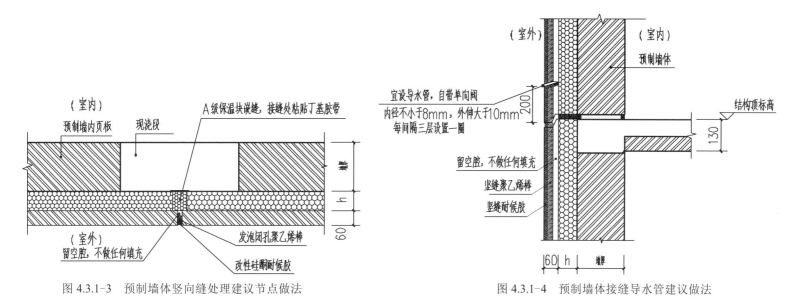

图 4.3.1-3　预制墙体竖向缝处理建议节点做法　　　　　图 4.3.1-4　预制墙体接缝导水管建议做法

2　夹心保温外墙板与现浇混凝土墙粘锚结合薄抹灰保温板水平和竖向建议连接节点做法详图。

北方地区夹心保温外墙板与现浇混凝土墙粘锚结合薄抹灰保温板水平和竖向目前尚无标准做法详图。本导则给出青岛地区常用做法供参考。施工图设计中,各参建单位应密切协同,确定夹心保温外墙板与外墙粘贴保温连接水平和竖向节点做法详图(图4.3.1-5～图 4.3.1-8)。

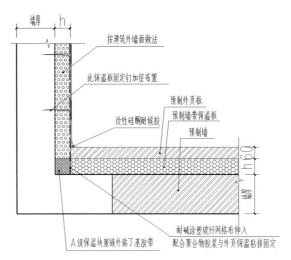

图 4.3.1-5 阴角竖缝处,预制墙带保温与后贴保温建议节点做法

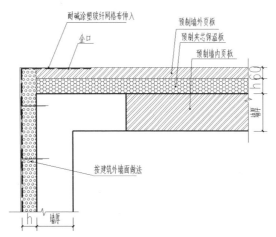

图 4.3.1-6 阳角竖缝处,预制墙带保温与后贴保温建议节点做法

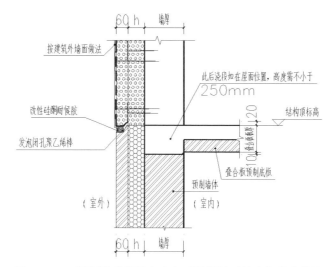

图 4.3.1-7　预制墙带保温与上部后贴保温平缝建议节点做法

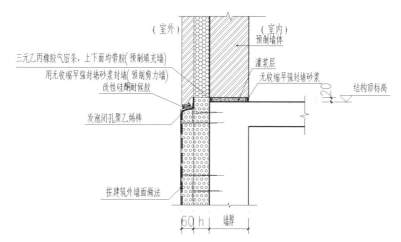

图 4.3.1-8　预制墙带保温与下部后贴保温平缝建议节点做法

4.3.2　外窗与主体结构相应节点做法设计详图不详或遗漏。

【规定】

《装配式混凝土技术规程》(JGJ 1—2014)5.3.5条条文说明:门窗应采用标准化部件,并宜采用缺口、预留副框或预埋件等方法与墙体可靠连接。

【分析与措施】

外窗与主体结构应采取防止冷热桥、防水、防火、防止变形损坏、方便施工等相关措施。

本导则给出青岛地区外窗固定于预制夹心保温外墙内页板的做法详图,供设计参考。施工图设计应结合不同建筑特点,综合考虑抗风、防止冷热桥、防水、防火、防止变形损坏、方便施工等相关要求进行设计(图4.3.2-1～图4.3.2-3)。

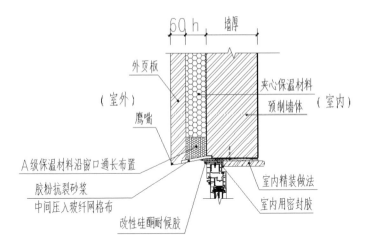

图 4.3.2-1　预制墙窗上口处理建议节点做法(内页板固定)

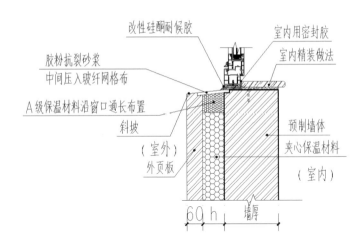

图 4.3.2-2　预制墙窗下口处理建议节点做法

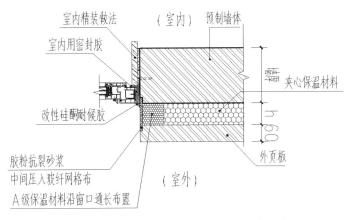

图 4.3.2-3 预制墙窗侧口处理建议节点做法

4.3.3 设计遗漏预制混凝土夹心保温外墙外页板之间的密封胶性能要求。

【分析与措施】

夹心保温外墙外页板接缝处的防水密封胶应与混凝土具有相容性,以及规定的抗剪切和伸缩变形能力,断裂伸长率不小于100%,密封胶尚应具有防霉、防水、防火、耐候等性能,其性能应满足《混凝土建筑接缝用密封胶》JC/T 881 的规定。硅酮、聚氨酯、聚硫建筑密封胶应分别符合现行国家标准《硅酮建筑密封胶》GB/T 14683、《聚氨酯建筑密封胶》JC/T 482、《聚硫建筑密封胶》JC/T483 的规定。

4.3.4 设计遗漏预制混凝土夹心保温外墙外页板之间的密封胶胶缝设计要求。

【分析与措施】

参照《装配式建筑密封胶应用技术规程》(T/CECS 655—2019)规范关于位移缝相关要求。预制混凝土夹心保温外墙外页板之间的密封胶胶缝设计应符合下列要求。

1 胶缝宽度不应小于 10 mm,宜控制在 20 mm ~ 40 mm。胶缝宽度尚应根据接缝变形量及密封胶位移能力计算胶缝宽度。

2 胶缝深度和胶缝宽度应符合表 4.3.4 的对应关系。

3 密封胶应避免与接缝三面粘结,接缝内应设置背衬材料(图 4.3.4)。

表 4.3.4　胶缝深度和宽度对应关系表

胶缝宽度 W（mm）	胶缝深度 D（mm）
10 ≤ W ≤ 20	10 ≤ D ≤（W/2 + 5）
20 ≤ W ≤ 40	（W/4 + 5）≤ D ≤（W/4 + 10）

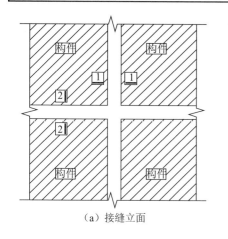

（a）接缝立面

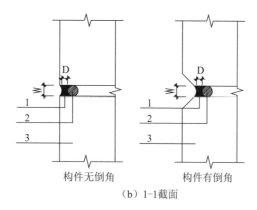

构件无倒角　　　　构件有倒角

（b）1-1截面

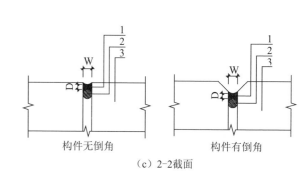

构件无倒角　　　　构件有倒角

（c）2-2截面

图 4.3.4　接缝处密封胶构造示意图

1——密封胶；2——背衬材料；3——基材

4.3.5　设计遗漏预制混凝土夹心保温墙板外页板之间接缝温度作用工况计算。

【分析与措施】

参照《装配式建筑密封胶应用技术规程》（T/CECS 655—2019）规范关于位移缝相关要求。

1　自流平型密封胶是指填嵌水平面接缝时，可自然流动，形成平整表面的密封胶。非下垂型密封胶是指填嵌垂直面接缝时，不产生下垂的密封胶。

2　对预制混凝土夹心保温墙板外页板之间接缝应计算温度作用工况，温度作用变形为接缝宽度方向变形量。

$$W = \delta T / \varepsilon + We$$

$$\delta T = \alpha \times l \times \Delta t$$

δT——温度作用下接缝宽度方向变形量（mm）；

α——基材温度膨胀系数（℃）$^{-1}$，混凝土材料可取 1×10^{-5}；

l——基材长度（mm），可取两个相邻接缝间距离（住宅水平缝取 2900 mm）；

Δt——基材有效温度变化，应根据基材颜色、当地气候变化情况确定（青岛地区按照 20℃ 考虑）；

ε——密封胶位移能力，按照表 4.3.5 的规定选取。

表 4.3.5　密封胶位移能力级别

级别	试验拉压强度（%）	位移能力（%）
50	±50	50
35	±35	35
25	±25	25
20	±20	20

注：We——接缝宽度的施工误差，墙板接缝取为 5 mm。

4.3.6　设计遗漏预制混凝土夹心保温外页墙板间密封胶选用要求。

【分析与措施】

参照《装配式建筑密封胶应用技术规程》（T/CECS 655—2019）规范相关要求。

预制混凝土夹心保温外页墙板之间的密封胶胶缝选用应符合下列要求。

1　应根据外立面设计的要求确定密封胶的颜色。

2　当建筑外立面对密封胶有涂装要求时，涂料应能满足胶缝的变形要求，且不宜选择硅酮建筑密封胶。

3　应选用 25 级及以上位移能力的建筑密封胶。当接缝位于水平面时，可选择自流平型建筑密封胶；当接缝位于非水平面时，应选用下垂型建筑密封胶。

4　当胶缝宽度不小于 30 mm 或胶缝深度不小于 15 mm 时，宜选用多组分建筑密封胶。

5　外墙接缝处的密封止水带宜采用三元乙丙橡胶或氯丁橡胶等高分子材料，技术要求应满足现行国家标准《高分子防水材料 第 2 部分：止水带》GB 18173.2 中 J 型的规定。

6　外墙接缝处密封胶的背衬材料宜选用聚乙烯塑料棒或发泡氯丁橡胶，直径应不小于缝宽的 1.5 倍。

5 结构设计

5.1 基本规定

5.1.1 7度设防区房屋高度在 70 m～80 m 间的装配整体式剪力墙结构,抗震等级错误地取为三级。

【规定】

《装配式混凝土建筑技术标准》(GB/T 51231—2016) 5.1.4 条条文说明:装配整体式剪力墙结构构件的抗震设计,应根据设防类别、烈度和房屋高度采用不同的抗震等级,并应符合相应的计算和构造措施要求。丙类装配整体式混凝土剪力墙结构的抗震等级应按照表 5.1.1 确定。

表 5.1.1　丙类装配整体式剪力墙结构的抗震等级

结构类型		抗震设防烈度				
		6度		7度		
	高度(m)	≤70	70<且≤130（120）	≤24	24<且≤70	70<且≤110（100）
装配整体式剪力墙	剪力墙	四	三	四	三	二

与《建筑抗震设计规范》(GB 50011—2010) 6.1.2 条不同,对抗震设防烈度为6度和7度地区的装配整体式剪力墙结构高层建筑,以 70 m 高度为限划分抗震等级。

5.1.2　装配整体式剪力墙结构风荷载或多遇地震标准值作用下的楼层层间最大位移△μ与层高h之比限值取值错误。

【分析与措施】

考虑青岛地区设计和施工实际情况，对装配整体式剪力墙结构楼层层间最大位移较《装配式混凝土建筑技术标准》（GB/T 51231—2016）5.3.4条提出更严格的要求。

装配整体式剪力墙结构按照弹性方法计算的风荷载或多遇地震标准值作用下的楼层层间最大位移△μ与层高h之比限值宜按照表5.1.2采用。

表 5.1.2　装配整体式剪力墙结构△μ与h之比限值

结构类型	△μ/h 限值
装配整体式混凝土剪力墙结构	1/1200

5.1.3　装配整体式剪力墙结构现浇墙肢弯矩、剪力未乘以增大系数。

【分析与措施】

《装配式混凝土结构技术规程》（JGJ 1—2014）6.3.1条条文说明：抗震设计时，对同一层内既有现浇墙肢也有预制墙肢的装配整体式剪力墙结构，现浇墙肢水平地震作用弯矩、剪力宜乘以不小于1.1的增大系数。

5.1.4　装配整体式剪力墙结构内力和变形计算时，未计入预制填充墙对结构刚度的影响。

【分析与措施】

《装配式混凝土建筑技术标准》（GB/T 51231—2016）5.3.3条条文说明：装配整体式剪力墙结构内力和变形计算时，应计入预制填充墙对结构刚度的影响。可采用周期折减的方法考虑其对结构刚度的影响。

考虑青岛地区装配整体式剪力墙结构设计和施工实际情况，周期折减系数不宜大于0.85。

5.1.5　结构计算中，预制夹心保温剪力墙线荷载和承托预制夹心保温填充墙梁上线荷载计算错误。

【分析与措施】

1　预制夹心保温填充墙梁上线荷载应考虑钢筋混凝土内页板、夹心保温层和钢筋混凝土外页板荷载。

2　预制夹心保温剪力墙应考虑夹心保温层和钢筋混凝土外页板荷载。

5.1.6　装配式设计单位为提高装配率，预制剪力墙布置数量过多，存在较大结构安全隐患（图5.1.6）。

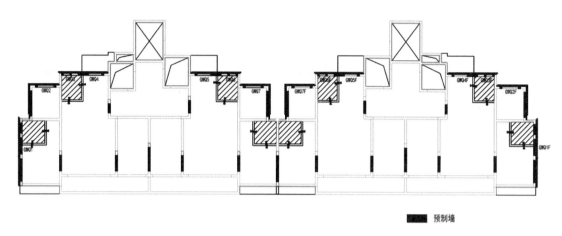

图 5.1.6 剪力墙布置示意图

【规定】

《装配式混凝土结构技术规程》（JGJ 1—2014）6.1.1 条条文说明:装配整体式剪力墙结构中,墙体之间的接缝数量多且构造复杂,接缝的构造措施及施工质量对结构整体的抗震性能影响较大,使装配整体式剪力墙结构抗震性能很难完全等同于现浇结构。世界各地对装配整体式剪力墙结构的研究少于对装配式框架的研究,我国近年来,对装配式剪力墙结构已进行了大量的研究工作,但由于工程实践的数量还偏少,本规程对装配式剪力墙结构采取从严要求的态度,与现浇结构相比适当降低其最大适用高度。

在计算预制剪力墙构件底部承担的总剪力占该层总剪力比例时,一般取主要采用预制剪力墙构件的最下一层。

《上海市建筑抗震设计规程》（DGJ 08-9—2013）7.1.2 条条文说明:对于部分结构构件采用预制装配或预制装配整体式工艺建造的钢筋混凝土结构房屋,在规定的水平力作用下,当其全部预制抗侧力构件所承担的倾覆力矩大于结构总倾覆力矩的 40% 时,应认定其为预制混凝土结构。

【分析与措施】

根据规范要求并参照上海市规定,结合青岛地区实际,对装配整体式剪力墙结构规定如下。

1 预制剪力墙构件底部承担的总剪力不宜大于该层总剪力的 50%。在计算预制剪力墙构件底部承担的总剪力占该层总剪力比例时，一般取主要采用预制剪力墙构件的最下一层。

2 全部预制剪力墙承担的倾覆力矩不宜大于结构总倾覆力矩的 40%。

5.2 水平构件设计

5.2.1 在平面凹凸不规则或楼板局部不连续等薄弱部位采用钢筋桁架叠合板时，未考虑叠合板与支承结构的连接增强措施。

【分析与措施】

1 平面凹凸不规则或楼板局部不连续等薄弱部位宜采用现浇板。

2 在平面凹凸不规则或楼板局部不连续等薄弱部位采用桁架叠合板时，宜适当增大后浇叠合层厚度、加强支座配筋等措施，保障结构整体性能。

5.2.2 双向板采用分离式接缝单向板设计，造成楼板使用阶段开裂。

【规定】

《钢筋桁架混凝土叠合板应用技术规程》（T/CECS 715—2020）5.1.4 条条文说明：叠合板可根据预制板拼缝构造、支座构造、长宽比按单向板或双向板设计。当预制板采用分离式接缝时，宜按单向板设计。对长宽比不大于 3 的四边支承叠合板，当其预制板之间采用整体式拼缝或无接缝时，可按双向板设计（图 5.2.2）。

（a）单向叠合板　（b）带接缝的双向叠合板　（c）无接缝的双向叠合板

图 5.2.2 叠合板的预制板布置形式示意图

1——预制板；2——梁或墙；3——板侧分离式接缝；4——板侧整体式接缝

1 按照长宽比大于 2 作为确定单向板标准，主要为考虑密拼式分离接缝做法规定。对预制板间采用整体式拼缝的叠合板，仍宜以长宽比是否大于 3 作为单向板和双向板的区分。

2 对长宽比不大于 2 的叠合板,推荐采用整体式拼缝,并按照双向板进行设计。

3 对长宽比不大于 3 的四边支承叠合板,如采用分离式接缝单向板设计,由于有整浇的后浇混凝土层作用,桁架叠合板整体仍表现出一定的双向板受力特征,板的配筋设计和导荷会比较复杂。因此,不推荐采用分离式接缝单向板设计。

【分析与措施】

住宅叠合板采用分离式接缝时,拼缝钢筋应充分考虑温度应力和混凝土干缩影响。

5.2.3 叠合板设计未考虑标准化和交通限宽要求(图 5.2.3-1、图 5.2.3-2)。

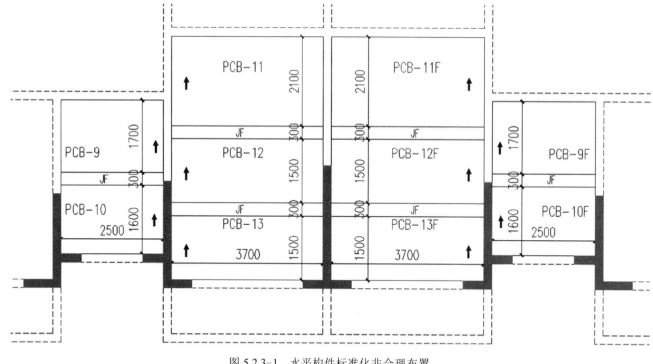

图 5.2.3-1 水平构件标准化非合理布置

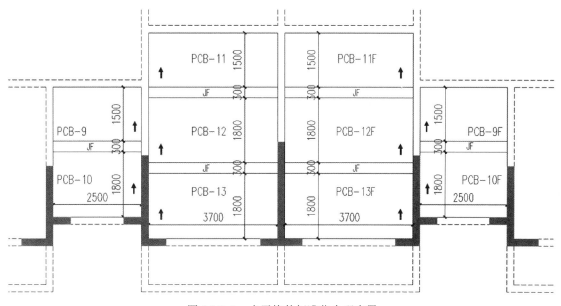

图 5.2.3-2　水平构件标准化合理布置

【分析与措施】

1　叠合板拆分应充分考虑交通限宽要求。

2　桁架叠合板应根据区格平面尺寸和桁架预制板生产、运输及吊装能力进行布置,底板单板总宽度不宜超过 2.5 m。

5.2.4　叠合板桁架钢筋高度设计不合理,造成楼板上部钢筋保护层厚度不足。

【分析与措施】

叠合板钢筋的混凝土保护层厚度应符合现行国家标准《混凝土结构设计规范》GB 50010 的有关规定。

叠合板设计应根据实际设计情况,通过调整桁架钢筋高度和上下层钢筋排布,满足钢筋保护层厚度和现浇层管线敷设要求。

1　以 60+70 叠合板为例,桁架钢筋高度 84 mm,钢筋直径 8 mm,下部钢筋穿筋(图 5.2.4-1)。

(1)钢筋桁架总高度 84 mm,平行桁架方向主要受力钢筋分别位于最顶和最底排,h0 最高。

(2)平行于桁架钢筋支座负筋在钢筋直径较大和桁架钢筋加工高度大于设计值时可考虑下调。

（3）工厂构件加工时须在桁架钢筋内穿筋操作，虽然有一定困难，但可操作。

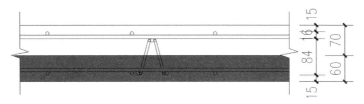

图 5.2.4-1　钢筋桁架图一

2　以 60+70 叠合板为例，桁架钢筋高度 84 mm，钢筋直径 8 mm，下部钢筋不穿筋（图 5.2.4-2）。

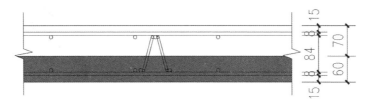

图 5.2.4-2　钢筋桁架图二

（1）钢筋桁架总高度 84 mm，平行桁架方向主要受力钢筋位置不利于结构受力，结构计算应考虑 h0 减少因素。

（2）平行于桁架钢筋支座负筋在钢筋直径较大和桁架钢筋加工高度大于设计值时无法下调。

（3）预制厂构件加工时须在桁架钢筋内，无须穿筋操作。工厂与现场现浇层钢筋绑扎容易，结构受力非最优，现场无竖向调整空间。

3　以 60+70 叠合板为例，桁架钢筋高度 76 mm，钢筋直径 8 mm，下部钢筋不穿筋（图 5.2.4-3）。

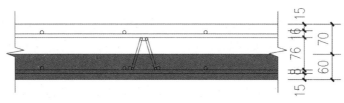

图 5.2.4-3　钢筋桁架图三

（1）钢筋桁架总高度 76 mm，平行桁架方向主要受力钢筋位置不利于结构受力，结构计算应考虑 h0 减少因素。

（2）平行于桁架钢筋支座负筋在钢筋直径较大和桁架钢筋加工高度大于设计值时可以调整负筋位置，有调整空间。

（3）预制厂构件加工时须在桁架钢筋内，无须穿筋操作。工厂与现场现浇层钢筋绑扎容易，结构受力非最优，有调整空间。

5.2.5　桁架预制板板边第一道纵筋钢筋中线至板边的距离过大，造成脱模、运输、吊装阶段板边裂缝。

【规定】

《钢筋桁架混凝土叠合板应用技术规程》（T/CECS715—2020）5.2.4 条条文说明：桁架预制板板边第一道纵筋钢筋中线至板边的距离不宜大于 50 mm。

【分析与措施】

结合青岛地区实际，提出《钢筋桁架混凝土叠合板应用技术规程》（T/CECS 715—2020）较更高要求，桁架预制板板边第一道纵筋钢筋中线至板边的距离不应大于 50 mm。

5.2.6　叠合板钢筋桁架的布置不满足规范设计要求。

【分析与措施】

叠合板钢筋桁架的布置应符合下列规定。

1　钢筋桁架宜沿桁架预制板的长边方向布置。

2　钢筋桁架上弦钢筋至桁架预制板板边的水平距离不宜大于 300 mm。相邻钢筋桁架的间距不宜大于 600 mm。

钢筋桁架下弦钢筋下表面至桁架预制板上表面的距离不应小于 35 mm。钢筋桁架上表面至桁架预制板上表面距离不应小于 35 mm。

5.2.7　叠合板板端支座处，预制板内的纵向受力钢筋在支座内锚固长度不足。

【分析与措施】

《装配整体式混凝土结构技术规程》（JGJ 1—2014）6.6.4 条条文说明：叠合板板端支座处，预制板内的纵向受力钢筋宜从板端伸出并锚入支承梁或墙的后浇混凝土中，锚固长度不应小于 5d（d 为纵向受力钢筋直径），且宜伸过支座中心（图 5.2.7）。

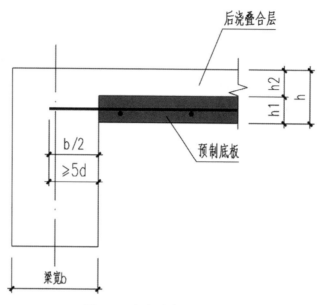

图 5.2.7　纵向受力钢筋锚固图

5.2.8　双向叠合板板侧的整体式接缝宽度和搭接连接设计错误。

【规定】

《装配式混凝土建筑技术标准》(GB/T 51231—2016)5.5.4 条条文说明:双向叠合板板侧的整体式接缝宜设置在叠合板的次要受力方向且宜避开最大弯矩截面。接缝可采用后浇带形式,并应符合下列规定。

1　后浇带宽度不宜小于 200 mm。

2　后浇带两侧板底纵向受力钢筋可在后浇带中焊接、搭接、弯折锚固、机械连接。

3　当后浇带两侧板底纵向受力钢筋在后浇带中搭接连接时,应符合下列规定。

预制板板底外伸钢筋端部为 135° 弯钩时,钢筋搭接长度应符合现行国家标准《混凝土结构设计规范》GB 50010 有关钢筋锚固长度的规定,135° 弯钩钢筋弯后直段长度为 5d(d 为钢筋直径)。

【分析与措施】

整体式拼缝位于弯矩较大处时推荐补强做法,详见图5.2.8。

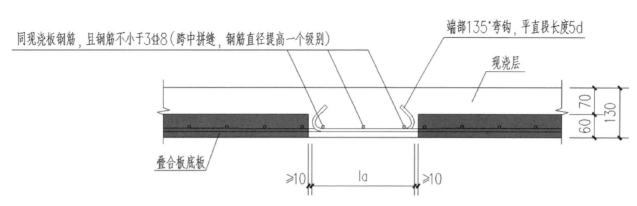

图 5.2.8　叠合板整体式接缝构造大样图

5.2.9　预制楼梯端部平台梁挑耳高度不满足梯梁固定插筋锚固长度要求。

【分析与措施】

《装配式混凝土结构连接节点构造》(G310-1～2)要求:梯梁固定插筋锚固长度不应小于12d。预制楼梯与挑耳间隙应采用建筑胶封闭,不宜外露聚苯类保温材料。

推荐预制楼梯端部节点构造如图5.2.9-1、图5.2.9-2所示。

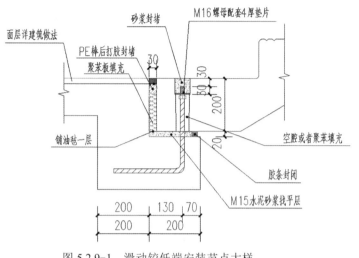

图 5.2.9-1 滑动铰低端安装节点大样

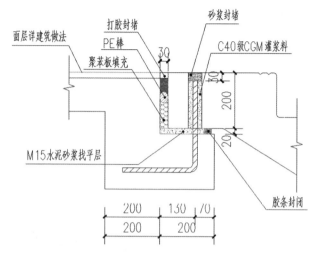

图 5.2.9-2 固定铰高端安装节点大样

5.2.10 楼层叠合梁的梁端部底筋伸入现浇段内的水平段锚固长度不足(图 5.2.10)。

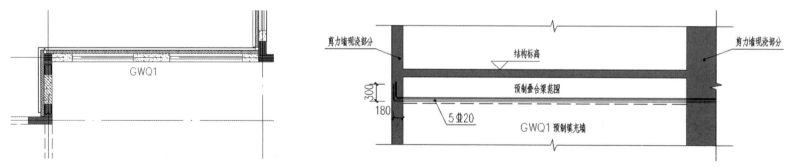

图 5.2.10 叠合梁底部钢筋水平锚固长度不足

【分析与措施】

叠合梁的梁端部底筋伸入现浇段内的水平段锚固长度不应小于 0.4LabE,弯锚的长度不应小于 15d。当水平段锚固长度不足时,应增大现浇段尺寸。

5.2.11 梁板类简支受弯预制构件进场前未明确结构性能检验要求。

【分析与措施】

《装配式混凝土建筑技术标准》（GB/T 51231—2016）11.2.2 条条文说明：专业企业生产的预制构件进场时，预制构件结构性能检验应符合下列规定。

1 梁板类简支受弯预制构件进场时应进行结构性能检验，并应符合下列规定。

（1）结构性能检验应符合国家现行有关标准的规定及设计的要求，检验要求和试验方法应符合现行国家标准《混凝土结构工程施工质量验收规范》GB 50204 的有关规定。

（2）钢筋混凝土构件和允许出现裂缝的预应力混凝土构件应进行承载力、挠度和裂缝宽度检验；不允许出现裂缝的预应力混凝土构件应进行承载力、挠度和抗裂检验。

（3）对大型构件及有可靠应用经验的构件，可只进行裂缝宽度、抗裂和挠度检验。

（4）对使用数量较少的构件，当能提供可靠依据时，可不进行结构性能检验。

（5）对多个工程共同使用的同类型预制构件，结构性能检验可共同委托，其结果对多个工程共同有效。

2 对于不可单独使用的叠合板预制底板，可不进行结构性能检验。对叠合梁构件，是否进行结构性能检验、结构性能检验的方式应根据设计要求确定。

3 对本条第 1、2 款之外的其他预制构件，除设计有专门要求外，进场时可不做结构性能检验。

4 本条第 1、2、3 款规定中不做结构性能检验的预制构件，应采取下列措施。

（1）施工单位或监理单位代表应驻厂监督生产过程。

（2）当无驻厂监督时，预制构件进场时应对其主要受力钢筋数量、规格、间距、保护层厚度及混凝土强度等进行实体检验。

检验数量：同一类型预制构件不超过 1000 个为一批，每批随机抽取 1 个构件进行结构性能检验。

检验方法：检查结构性能检验报告或实体检验报告。

注："同类型"是指同一钢种、同一混凝土强度等级、同一生产工艺和同一结构形式。抽取预制构件时，宜从设计荷载最大、受力最不利或生产数量最多的预制构件中抽取。

5.3 竖向构件设计

5.3.1 装配整体式剪力墙结构采用较多短肢剪力墙的剪力墙结构。

【分析与措施】

考虑青岛地区装配整体剪力墙结构设计和施工实际情况,较《装配式混凝土结构技术规程》(JGJ 1—2014)8.1.3 条提出更严格的要求。装配整体式剪力墙结构不应采用具有较多短肢剪力墙的剪力墙结构。

5.3.2 装配整体式剪力墙结构的电梯井筒、楼梯间墙、剪力墙底部加强区及设置约束边缘构件的剪力墙采用预制墙。

【分析与措施】

考虑青岛地区目前装配整体式剪力墙结构方案设计、生产、安装、施工现状,较《装配式混凝土结构技术规程》(JGJ 1—2014)8.2.6 条提出更严格的要求。高层建筑电梯井筒承受较大地震剪力和倾覆力矩,采用现浇结构有利于保证结构抗震性能。此外,楼梯间外墙一般两侧无楼板支承,受力不利,采用现浇结构有利于保证结构的抗震性能。

楼梯间墙、剪力墙底部加强区及设置约束边缘构件的剪力墙应采用现浇混凝土结构。

5.3.3 预制夹心保温外墙板外页板厚度、内页板厚度偏小;保温层厚度偏大。

【分析与措施】

考虑青岛地区目前装配整体式剪力墙结构生产、安装、施工现状,较《装配式混凝土结构技术规程》(JGJ 1—2014)8.2.6 条提出更严格的要求。

1 外页墙板厚度不应小于 60 mm,且外叶墙板应与内叶墙板可靠连接;

2 夹心保温层厚度不宜大于 120 mm;

3 内叶墙板厚度不应小于 200 mm;

4 当作为承重墙时,内叶墙应按照剪力墙进行设计(图 5.3.3)。

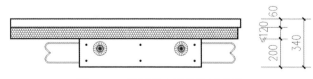

图 5.3.3 预制剪力墙构造示意图

5.3.4 装配整体式剪力墙结构住宅预制剪力墙布置未考虑施工可操作性,造成施工操作困难。

【分析与措施】

装配整体式剪力墙结构住宅预制剪力墙布置应考虑施工可操作性。

1 预制构件之间应预留安装间隙,当构件之间无安装间隙时,施工吊装定位困难,容易发生构件碰撞破损。图 5.3.4-1 中,YWQ1 自带保温与 YWQ2 之间无预留安装间隙,构件的保温易发生碰撞破碎,设计中应避让该部位并交给现场二次施工。

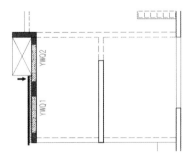

图 5.3.4-1 预制墙 YWQ1 与 YWQ2 无安装间隙造成施工安装困难

2 伸缩缝两侧布置预制剪力墙,施工实现封仓操作和漏浆后封堵困难,装配方案不宜采用(图 5.3.4-2)。

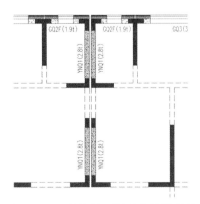

图 5.3.4-2 伸缩缝两侧墙体并排预制

5.3.5　楼层内相邻预制剪力墙之间整体式接缝、节点设计未考虑施工偏差影响和边缘构件体积配箍率设计要求。

【规定】

《装配式混凝土建筑技术标准》(GB/T 51231—2016) 5.7.6 条条文说明:楼层内相邻预制剪力墙之间应采用整体式接缝连接,且应符合下列规定。

1　当接缝位于纵横墙交接处的构造边缘构件区域时,构造边缘构件宜全部采用后浇混凝土;当仅一面墙上设置后浇段时,后浇段的长度不宜小于 300 mm。

2　边缘构件内的配筋及构造要求应符合国家标准《建筑抗震设计规范》GB 50011 的有关规定;预制剪力墙在后浇段内锚固连接应符合现行国家标准《混凝土结构设计规范》GB 50010 的有关规定。

【分析与措施】

1　结合青岛地区实际,较《装配式混凝土建筑技术标准》(GB/T 51231—2016) 5.7.6 条对后浇段长度提出更严格要求。

2　考虑施工现场安装便利,补充预制夹心保温剪力墙墙板内页板外伸筋采用非封闭箍筋时边缘构件附加加强筋做法参考详图。

3　预制夹心保温剪力墙墙板内页板外伸筋采用非封闭箍筋时,边缘构件竖向纵筋应采用较大直径钢筋并采用机械连接,建议纵筋直径不宜小于 14 mm。

4　构造边缘构件附近连接钢筋计入体积配箍率比例应按照《装配式混凝土结构连接节点构造》(剪力墙)(15G 310-2)要求取值(图 5.3.5)。

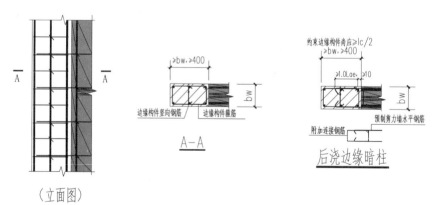

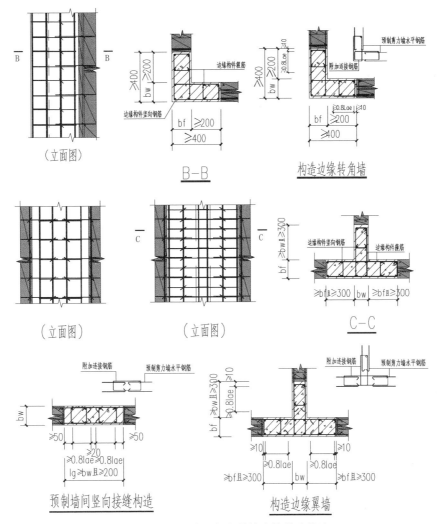

图 5.3.5 装配式混凝土结构连接节点构造

5.3.6 屋面及立面收进楼层,未在预制剪力墙顶部设置封闭的后浇钢筋混凝土圈梁,圈梁纵筋连续性不足。

【规定】

《装配式混凝土结构技术规程》(JGJ 1—2014)8.3.2 条条文说明:屋面及立面收进楼层,应在预制剪力墙顶部设置封闭的后浇钢筋混凝土圈梁,并应符合下列规定。

1 圈梁截面宽度不应小于剪力墙的厚度,截面高度不宜小于楼板厚度及 250 mm 最大值;圈梁应与现浇或叠合楼、屋盖浇筑成整体。

2 圈梁内配置的纵向钢筋不应小于 4φ12,且按全截面计算的配筋率不应小于 0.5% 和水平分布钢筋配筋率的较大值。纵向钢筋竖向间距不应大于 200 mm;箍筋间距不应大于 200 mm,且直径不应小于 8 mm(图 5.3.6)。

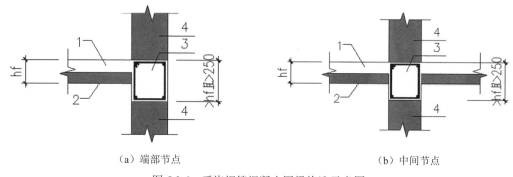

（a）端部节点　　　　　　　　　　　（b）中间节点

图 5.3.6　后浇钢筋混凝土圈梁构造示意图

1——后浇混凝土叠合层;2——预制板;3——后浇圈梁;4——预制剪力墙

【分析与措施】

水平后浇圈梁纵筋应连续,其构造做法应满足《装配式混凝土结构连接节点构造》(剪力墙)(15G 310—2)的要求。

5.3.7 全截面受拉预制剪力墙在同一截面全部采用灌浆套筒连接。

【分析与措施】

根据新修订的《钢筋套筒灌浆连接应用技术规程》(JGJ 355)4.0.4 条条文说明:多遇地震组合下,全截面受拉钢筋混凝土构件的纵向受力钢筋不应在同一截面全部采用钢筋套筒灌浆连接。

5.3.8 装配式设计未包含首层预制构件下部现浇层插筋定位图及设计要求,造成套筒与插筋错位,无法安装。

【分析与措施】

1 装配式设计应提供首层预制构件下部现浇层插筋定位图,首层预制构件下部现浇层插筋定位图施工应考虑套筒设置时钢筋保护层加大问题,不应按照现浇钢筋保护层厚度预留插筋,以避免套筒与插筋错位,无法安装(图 5.3.8)。

2 下层现浇剪力墙顶面应设置粗糙面。

3 现浇结构施工后外露连接钢筋的位置与外露长度的尺寸偏差及检验方法应符合表 5.3.8 的规定,超过允许偏差的应予以处理。

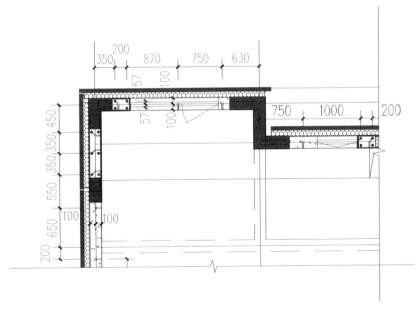

图 5.3.8 套筒插筋平面定位图

表 5.3.8　现浇结构施工后外露连接钢筋的位置、尺寸允许偏差及检验方法

项目	允许偏差（mm）	检验方法
中心位置	3	尺量、水准仪
外露高度、顶点标高	±15、0+15	

4　外露连接钢筋的表面不应粘连混凝土、砂浆，不应发生锈蚀。

5　当外露连接钢筋倾斜时，应进行校正。

5.3.9　装配整体式剪力墙结构预制剪力墙设计说明中未明确是否可采用多层或隔层灌浆施工。

【分析与措施】

装配整体式剪力墙结构预制剪力墙灌浆套筒应逐层进行灌浆施工。

1　多层或隔层合并灌浆前，墙肢竖向受力主要为墙肢下垫片和边缘构件共同受力，因垫片刚度明显小于边缘构件刚度，会显著增加边缘构件受力，造成轴压比值增加。

2　多层或隔层灌浆后，墙肢受力由垫片、浆料、边缘构件共同承担，墙底压力会较逐层灌浆有一定减少，对边缘构件外增轴力值目前尚无试验确定。

3　多层或隔层灌浆，锚固钢筋在套筒内空置时间较长，可能会受水汽影响锈蚀，锈蚀钢筋对粘结力影响目前尚未有专门研究。

4　考虑现阶段青岛地区竖向预制构件封堵及灌浆施工工艺远达不到 100% 保证率水平，因此不应采用多层或隔层合并灌浆施工做法。

5.3.10　套筒灌浆连接，自套筒底部至套筒顶部并向上延伸 300 mm 范围内，预制剪力墙的水平分布筋未采取加密措施。

【分析与措施】

《装配式混凝土结构技术规程》（JGJ 1—2014）8.2.4 条条文说明：当采用套筒灌浆连接时，自套筒底部至套筒顶部并向上延伸 300mm 范围内，预制剪力墙的水平分布筋应加密（图 5.3.10-1），加密区水平分布筋的最大间距及最小直径应符合表 5.3.10 的规定。套筒上端第一道水平分布钢筋距离套筒顶部不应大于 50 mm（图 5.3.10-2）。

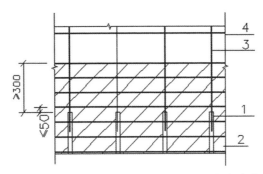

图 5.3.10-1 钢筋套筒灌浆连接部位水平分布钢筋的加密构造示意图

1——灌浆套筒;2——水平分布钢筋加密区域(阴影区域);3——竖向钢筋;4——水平分布钢筋

表 5.3.10 加密区水平分布钢筋的要求

抗震等级	最大间距(mm)	最小直径(mm)
一、二级	100	8
三、四级	150	8

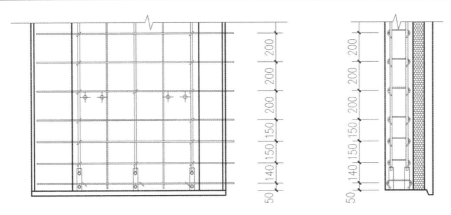

图 5.3.10-2 钢筋套筒灌浆连接部位水平分布钢筋的加密

5.3.11 预制剪力墙内的套筒连接钢筋数量不满足剪力墙的配筋率和受力要求。

【分析与措施】

预制剪力墙内的套筒连接钢筋应双排布置,套筒连接钢筋可以采用对称连接方式也可以采用"梅花形"部分连接方式。套筒连接钢筋的数量应满足剪力墙的配筋率和受力要求。

5.3.12 设计图纸中未明确拉结件及拉结件系统基本设计要求。

【规定】

《预制混凝土外挂墙板应用技术标准》(JGJ/T 458—2018) 4.3.1 条条文说明:夹心保温墙板中连接内外叶墙板的拉结件宜选用纤维增强塑料拉结件或不锈钢拉结件。当有可靠依据时,也可采用其他材料拉结件。

4.3.2 条条文说明:纤维增强塑料拉结件的纤维体积含量不宜低于 60%。当采用玻璃纤维增强塑料时,应选用高强型、含碱量小于 0.8% 的无碱玻璃纤维或耐碱型玻璃纤维,不得使用中碱玻璃纤维及高碱玻璃纤维。

4.3.3 条条文说明:不锈钢拉结件用不锈钢宜选用统一数字代号为 S316×× 系列的奥氏体型不锈钢,并应符合国家标准《不锈钢棒》GB/T 1220、《不锈钢冷加工钢棒》GB/T 4226、《不锈钢冷轧钢板和钢带》GB/T 3280、《不锈钢热轧钢板和钢带》GB/T 4237 的有关规定。

4.3.4 条条义说明:不锈钢材料的抗拉、抗压强度标准值应取非比例延伸强度 RP0.2,不锈钢材料的抗力分项系数取为 1.165,抗剪强度设计值可按其抗拉强度设计值的 58% 采用。不锈钢材料的弹性模量可取为 1.93×10^5 N/mm^2,泊松比可取为 0.30,S316×× 系列不锈钢材料的线膨胀系数可取为 1.60×10^{-5}/℃。

5.3.13 预制墙周边未设置粗糙面或键槽。

【分析与措施】

《装配式混凝土技术规程》(JGJ 1—2014) 6.5.5 条条文说明:装配整体式混凝土剪力墙结构住宅预制构件与后浇混凝土、灌浆料、坐浆材料的结合面宜设置粗糙面或键槽,并应符合下列规定。

1 预制板与后浇混凝土叠合层之间的结合面应设置粗糙面。

2 预制梁与后浇混凝土叠合层之间的连接应设置粗糙面。

3 预制剪力墙的顶部和底部与后浇混凝土的结合面应设置粗糙面;侧面与后浇混凝土的结合面应设置粗糙面,也可设置键槽;键槽深度 t 不宜小于 20 mm,宽度 w 不宜小于深度的 3 倍且不宜大于深度的 10 倍,键槽间距宜等于键槽宽度,键槽端部斜面倾角不宜大于 30°。

4 粗糙面的面积不宜小于结合面的 80%,预制板的粗糙面凹凸深度不应小于 4 mm,预制梁端、预制墙端的粗糙面凹凸深度不应小于 6 mm（图 5.3.13）。

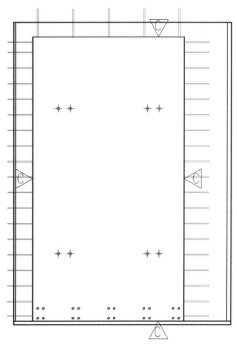

图 5.3.13 粗糙面 C 型符合标识

5.4 非承重预制夹心保温外围护墙板设计

5.4.1 装配整体式剪力墙结构非承重预制夹心保温外围护墙板与主体结构连接设计不合理。

【分析与措施】

1 装配整体式剪力墙结构非承重预制夹心保温外围护墙板与主体结构的连接节点在保证主体结构整体受力的前提下,应牢固可靠、受力明确、传力简洁、构造合理。

2 高度大于 70 m 的装配整体式剪力墙结构,因结构抽墙,预制夹心保温填充墙间仅通过平面外刚度较弱的后浇段连接,抗震不利。主体结构设计应与装配式设计协同,避免此类连接(图 5.4.1)。

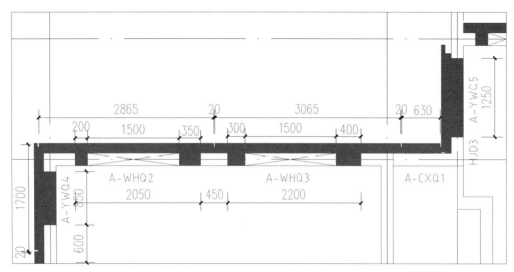

图 5.4.1 非承重预制夹心保温外围护墙布置图

5.4.2 装配整体式剪力墙结构非承重预制夹心保温外围护墙板的外叶板采用下反方式。

【分析与措施】

考虑剪力墙间框架梁跨度较大,且建筑窗顶标高限制,为满足结构计算要求,结构设计通常设置上反框架梁。此类上反框架梁上的夹心保温外墙板的外页板下沿,造成运输和吊装下沿外页板易破损,且会因为上反现浇梁施工平面精度不足,造成上层预制夹心外墙板安装困难。因此,装配整体式剪力墙结构非承重预制夹心保温外围护墙板的外叶板不宜采用下反方式(图 5.4.2)。

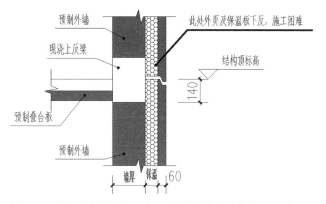

图 5.4.2　非承重预制夹心保温外围护墙外叶板下反示意图

5.4.3　预制混凝土夹心保温填充墙减重块设计要求不详。

【分析与措施】

《预制混凝土剪力墙外墙板》(15G365–1)：预制混凝土夹心保温填充墙宜填充模塑聚苯板(EPS)轻质材料减重块,减重块密度不宜小于 12 Kg/m³。轻质填充材料应避开预留线盒(图 5.4.3)。

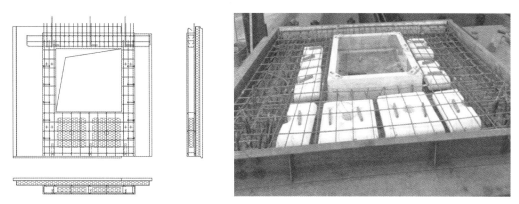

图 5.4.3　预制混凝土夹心保温填充墙减重块布置图

5.4.4　设计未明确预制混凝土夹心保温填充墙接缝处填充用保温材料的性能要求。

【分析与措施】

《装配式混凝土结构技术规程》（JGJ 1—2014）4.3.1–3 条条文说明：预制混凝土夹心保温填充墙接缝处填充用保温材料的燃烧性能应满足国家标准《建筑材料及制品燃烧性能分级》GB 8624—2012 中 A 级的要求。

接缝处保温块尚应满足体积比吸水率应 < 0.3%，容重应 > 140 Kg/m^3。

要求应采用憎水岩棉，憎水岩棉应进行施工现场泡水试验。

附录：青岛市装配式政策文件汇编

青岛市装配式建筑评价
申请表

项目名称

申报单位

申报时间　　　年　　月　　日

青岛市住房和城乡建设局

说明

1. 申报表一律采用小四号仿宋字体填报、A4纸打印，一式一份。每项内容打印不完，可加页。

2. 申报书封面的"项目名称"应与施工许可证的"工程名称"一致。

3. 项目起止时间应用"/"的顺序填写，例如"2017/9/5—2017/12/12"。

4. 请按说明的要求如实填写申请表，并提供真实、完整的申报材料。如有虚假，一经查实，将取消申报资格。

建筑类型	□保障性住房　□商品住房　□公共建筑　□旅游景观项目　□农村住房　□其他（选项打√,下同）				
申报类型	□预评价　　　□项目评价				
占地面积	万 m²	总建筑面积	万 m²		
容积率		地上建筑面积	万 m²		
单体建筑数量		装配式建筑总面积	万 m²		
开工时间（预计开工时间）		竣工时间（预计竣工时间）			
楼号		装配率（%）			
楼号		装配率（%）			
楼号		装配率（%）			
结构类型					
项目地址					
项目总投资					
建设单位					
通讯地址					
负责人		电话		手机	
联系人		电话		手机	
设计单位					
通讯地址					
负责人		电话		手机	
联系人		电话		手机	
总承包单位					
通讯地址					
负责人		电话		手机	
联系人		电话		手机	
项目简介（包括项目概况、单体、层数、装配率、面积、装修情况介绍）					

青岛市装配式建筑评价方案

评价资料文本深度要求

一、预评价

（一）项目概况

1.1　建设单位、联系人、电话；

1.2　项目设计单位（评审汇报由设计单位主持，汇报材料加盖单位公章和资质章）；

1.3　工程概况。

（二）设计依据

2.1　项目的批准文件：

2.1.1　土地出让条件及规划许可证对装配式建筑面积占比及装配率的要求；

2.2　国家规范、标准、规程及相关文件；

2.3　设计规范、标准及规程。

（三）装配式建筑实施方案

3.1　项目装配式建筑的情况；

3.2　装配式建筑技术应用情况（主要预制构件、装修项等）；

3.3　结构设计主要控制性指标（含结构抗震等级、各工况下结构位移角、位移比、周期比等参数列表）；

3.4　平面布置图（含竖向构件布置图、水平构件布置图、填充墙布置图）；

3.5　预制构件连接详图：

3.5.1 预制剪力墙 – 预制剪力墙连接；

3.5.2 预制填充墙之间连接；

3.5.3 叠合楼盖连接；

3.5.4 预制楼梯连接；

3.5.5 预制阳台空调板连接。

3.6 全装修项目，根据《山东省装配式住宅建筑全装修技术要求（试行）》的要求，装修内容作简单介绍；

3.7 装配率计算：

3.7.1 单体楼座分项构件装配率计算统计表（含竖向构件计算统计表、水平构件计算统计表、填充墙计算统计表）；

3.7.2 单体楼座装配率计算汇总表。

（四）总结

（五）附图汇总（单独成册）

5.1 土地出让合同；

5.2 规划许可证；

5.3 建设条件意见书；

5.4 总平面图；

5.5 建筑专业图纸；（应同时提供电子版 CAD 文件）

5.6 装配式建筑结构专业图纸。（应同时提供电子版 CAD 文件，建议包含装配式建筑结构设计说明）

二、项目评价

（六）项目评价

6.1 建设单位应提供装配式建筑实施说明。［包括项目概况；项目总建筑面积（地上总建筑面积和地下总建筑面积）和装配式建筑地上总建筑面积情况；装配式建筑的面积占比情况；装配式技术应用说明；装配率与预评价相符性说明；建设单位、施工单位、监理单位承诺书数据真实性承诺］

6.2 青岛市装配式建筑评价意见(预评价);

6.3 预制构件、主要材料及配件的质量证明文件、进场验收记录、抽样复验报告,预制构件施工中的图片;

6.4 钢筋套筒灌浆型式检验报告、工艺检验报告和施工检验记录,浆锚搭接连接的施工检验记录,全装修施工过程及成果图片;

6.5 后浇混凝土、灌浆料、座浆材料强度检测报告,后浇混凝土部位的隐蔽工程检查验收文件;

6.6 装配式产业基地提供的预制构件采购清单及方量数(加盖公章)。

(七)总结

备注:评价方案应建立目录,标明页码。预评价资料打印范围:[(一)项目概况至(五)附图汇总(单独成册)]。项目评价打印资料范围:[(六)项目评价至(七)总结]。

青岛市装配式建筑评价流程

一、建设单位应当按照规划设计条件、建设条件编制建筑设计方案并组织装配式建筑评价,建筑设计方案应明确装配式建筑比例、装配率、评价等级等要求。

二、施工图审查前,建设单位申请青岛市装配式建筑预评价。填写申请表,制作预评价方案,评审前准备会议室,将预评价方案打印纸质一式八份,用于评审会使用。将申请表和方案电子版发至邮箱qd86670915@163.com,工作人员会联系建设单位,协助建设单位组织装配式建筑预评价。

三、项目竣工前,建设单位应做项目评价。填写申请表,制作评价方案,评审前准备会议室,将预评价方案打印纸质一式八份,用于评价会使用。将申请表和方案电子版发至邮箱 qd86670915@163.com,工作人员会联系建设单位,协助建设单位组织装配式建筑项目评价。

四、崂山区、城阳区、即墨区、青岛西海岸新区、胶州市、平度市、莱西市装配式建筑装配率评价,由建设单位报送至当地住房和城乡建设主管部门办理。

五、市区办理部门:青岛市建筑节能与产业化发展中心。

联系人:王伟

联系电话:0532-86670915

地址:青岛市崂山区泉岭路 8 号,青岛中商国际大厦 4 层 407（工程示范科）

青岛市人民政府办公厅文件

青政办发〔2021〕3号

青岛市人民政府办公厅
关于推进装配式建筑发展若干政策措施的通知

各区、市人民政府,青岛西海岸新区管委,市政府各部门,市直各单位:

为贯彻落实《山东省绿色建筑促进办法》(省政府令第323号),进一步推进我市装配式建筑发展,经市政府研究同意,现就有关政策措施通知如下。

一、装配式建筑是指由预制部品部件在工地装配而成,且符合山东省《装配式建筑评价标准》的建筑。预制部品部件是指工厂化预制生产的柱、梁、墙、板、屋盖、整体卫生间、整体厨房等建筑构配件、部件。本市重点发展装配式混凝土结构、钢结构等结构体系。各区(市)应完善装配式建筑发展激励和约束性政策,新建民用建筑应安排一定比例的项目采用装配式建筑,并逐年提高装配式建筑占比,到2023年达到50%。(责任单位:各区市政府、青岛西海岸新区管委)

二、新建城镇民用建筑,在土地划拨、出让及规划建设条件中应当明确装配式建筑比例、装配率、评价等级等要求,并在国有建设用地使用权招标、拍卖或者挂牌出让公告中予以明示。(责任单位:市住房城乡建设局、市发展改革委、市自然资源和规划局)

三、工务工程和主城区的旧城、旧村改造项目,以及医院、学校、幼儿园、人才住房等政府投资类建筑项目,应按装配式建筑建造。(责任单位:市住房城乡建设局)

四、装配式建筑项目免缴建筑废弃物处置费。(责任单位:市住房城乡建设局)

五、采用装配式外墙技术产品的建筑,其预制外墙建筑面积不超过规划总建筑面积3%的部分,不计入建筑容积率。(责任单位:

市自然资源和规划局、市住房城乡建设局）

六、对两年内未发生工资拖欠的装配式建筑项目建设单位，可减半征收农民工工资保证金。（责任单位：市住房城乡建设局）

七、装配式建筑项目在评优评奖时优先考虑，相关参建单位在市场主体信用考核中给予加分奖励。（责任单位：市住房城乡建设局）

八、装配式建筑项目，其预制部品部件采购合同金额可计入工程建设总投资。投入的开发建设资金达到总投资额的 25% 以上、施工进度达到正负零，并已确定施工进度和竣工交付日期的装配式建筑，可办理商品房预售许可证。（责任单位：市住房城乡建设局）

九、使用按揭贷款购买全装修装配式住宅的，房价款计取基数包含装修费用。使用住房公积金贷款购买装配式住宅，在资金计划发放时优先支持。鼓励金融机构加大对装配式建筑产业的信贷支持力度，拓宽抵押质押的种类和范围，并在贷款额度、贷款期限及贷款利率等方面予以倾斜。（责任单位：市住房公积金管理中心、市地方金融监管局、人民银行青岛市中心支行、青岛银保监局）

十、建立建筑产业化示范工程财政政策资金扶持制度，对单体建筑预制装配率较高，或具有示范意义的产业化工程项目，按规定给予补助。（责任单位：市住房城乡建设局、市财政局）

十一、符合新型墙体材料目录的预制部品部件生产企业，可按规定享受增值税即征即退优惠政策。鼓励符合条件的装配式建筑企业申报高新技术企业，全面落实企业研发费用加计扣除、高新技术企业税收优惠等政策。（责任单位：市税务局、市科技局、市住房城乡建设局）

各区（市）政府、市政府有关部门要结合各自职责，制定具体实施细则和操作办法，确保相关政策措施落到实处。

本通知自公布之日起施行，有效期至 2025 年 12 月 31 日。

青岛市人民政府办公厅

2021 年 1 月 7 日

（此件公开发布）

抄送：市委各部委，市人大常委会办公厅，市政协办公厅，市监委，市法院，市检察院，中央、省驻青单位，驻青部队领导机关，各民主党派市委，市工商联，人民团体。

关于印发《青岛市装配式建筑建设管理办法》
的通知

各区(市)住房城乡建设主管部门、青岛西海岸新区住房和城乡建设局,各建设(开发)、设计、施工、监理单位、施工图设计审查机构、预制构件生产企业,各有关单位:

为进一步贯彻落实国家、省、市关于加快发展装配式建筑,促进我市装配式建筑健康发展,加强装配式建筑建设管理。市住房城乡建设局制定了《青岛市装配式建筑建设管理办法》,现印发给你们,请遵照执行。

青岛市住房和城乡建设局

2021 年 3 月 31 日

青岛市装配式建筑建设管理办法

第一章　总则

第一条　为贯彻落实《国务院办公厅关于大力发展装配式建筑的指导意见》(国办发〔2016〕71号)、《住房和城乡建设部等部门关于加快新型建筑工业化发展的若干意见》(建标规〔2020〕8号)、《山东省绿色建筑促进办法》(省政府令第323号),根据《关于推进装配式建筑发展若干政策措施的通知》(青政办发〔2021〕3号)等相关文件精神,加强装配式建筑建设管理,制定本办法。

第二条　本办法所称装配式建筑是指结构系统、外围护系统、设备与管线系统、内装系统的主要部分采用工厂化生产的部品部件集成,并满足国家和地方装配式建筑评价标准、技术规定要求的建筑,主要包括装配式混凝土建筑、装配式钢结构建筑、装配式木结构建筑。

第三条　本办法适用于本市行政区域内装配式建筑建设和管理。

第二章　组织管理

第四条　青岛市住房和城乡建设局(以下简称"市住房城乡建设局")负责全市装配式建筑建设统筹与监督管理工作。

各区(市)住房城乡建设主管部门负责统筹推进辖区内装配式建筑建设,依照项目管理权限开展装配式建筑项目的监督管理。

青岛市建筑节能与产业化发展中心负责全市装配式建筑技术管理的具体工作。

第五条　市住房城乡建设局负责组建青岛市建筑产业现代化专家委员会,承担装配式建筑评审、咨询、论证等工作。

第六条　装配式建筑项目应当优先采用工程总承包方式建设;依法必须招标的项目,经批准可以采取邀请招标等方式发包。推进设计、生产、施工深度融合,鼓励相关单位提供全过程咨询服务。

第三章　建设管理

第七条　在土地划拨、出让及规划建设条件中已确定装配式建筑项目的,建设单位应遵照规定执行。

建设单位应按照规划建设条件编制建筑设计方案,在设计总说明中,明确实施装配式建筑的单位工程(幢号)、面积、应用比例、装配率等相关信息。施工图审查前组织装配式建筑预评价,通过预评价项目可享受相关的优惠和激励政策。

建设单位应在装配式建筑项目竣工阶段组织项目评价。根据施工、监理单位资料和实际完成情况计算装配率、应用比例和确定评价等级,项目评价意见作为落实《建设条件意见书》中住宅产业化技术要求的证明材料存入竣工备案资料。

建设单位申请预制外墙建筑面积不超过规划总建筑面积3%的部分时,需要在办理《建设工程规划许可》过程中提供采用装配式外墙不计建筑容积率的面积。

第八条 工程总承包单位应建立覆盖设计、采购、施工、试运行全过程的质量管理体系,职业健康安全管理体系和环境管理体系,保证项目产品和服务的质量、功能和特性,满足合同及相关方的要求。

工程总承包单位应确保合理工期和造价,并及时足额拨付工程款。工程总承包单位对装配式建筑工程的质量负全面责任。

第九条 设计单位应按照政府文件和工程建设标准进行设计,施工图设计文件应包括装配式建筑设计专篇,专篇中应包括装配式建筑项目的结构类型、装配率、应用比例、预制构件种类、部位、连接节点构造做法等,明确装配式建筑采用的部位及相应的得分值,对预制构件的尺寸、节点构造、装饰装修及机电安装预留预埋等提出具体技术要求,实现装配式设计的标准化、集成化。对设计的装配式建筑面积计算和装配率计算的准确性、合理性负责。

设计单位宜在装配式建筑项目设计过程中采用BIM(建筑信息模型)技术,加强各专业协同工作,有效增强与部品部件工厂化制作的衔接。通过数字化设计手段推进建筑、结构、设备管线、装修等多专业一体化集成设计,提高建筑整体性,避免二次拆分设计,确保设计深度符合生产和施工要求,发挥新型建筑工业化系统集成综合优势。

第十条 施工图审查机构应按照规划建设条件及工程建设标准进行审查。对不符合装配式建筑应用面积比例和装配率要求的,装配式建筑设计专篇深度不够的,施工图审查机构不得出具施工图审查合格证书。施工图设计文件变更涉及装配率变化的,需送原审查机构重新审图。

第十一条 施工单位应根据施工图设计文件、构件制作详图和相关装配式技术标准编制专项施工方案,并报施工单位技术负责人审核、监理单位项目总监理工程师审查后方可实施。

施工单位应对装配式建筑施工和预制构件生产制作过程履行施工总承包质量管理责任。应对进入施工现场的预制构件进行合理堆放并采取必要的防护措施,建立健全预制构件施工安装过程质量检验制度。

施工单位应与建设、监理、设计单位制定装配式建筑工程的验收方案并遵照执行。应及时收集整理预制构件进场验收及施工安装过程的质量控制资料,并对资料的真实性、准确性、完整性、有效性负责。

第十二条 监理单位应根据施工图设计文件、构件制作详图和相关技术标准,编制监理专项规划和装配式专项监理细则。明确受力结构构件现场拼装、钢筋套筒连接、灌浆等关键部位、关键工序的监理要求，关键部位和关键环节旁站需留存影像资料。

监理单位应对预制构件生产质量实施驻厂监理，并对预制混凝土、保温材料、预留预埋部件、连接件等实施见证取样，按相关标准对预制构件出厂、进入施工现场的质量进行检验，未经检验或检验不合格不得使用。

监理单位发现预制构件生产单位和施工单位违反规范规定或未按设计要求生产、施工的，应及时签发监理工程师通知单要求整改，未整改或整改不合格的不予验收。应及时、同步收集整理工程监理资料，并对资料的真实性、准确性、完整性、有效性负责。

第十二条　预制构件生产企业应根据施工图设计文件进行生产，并接受建设单位委派的驻厂监理监督。装配式建筑预制构件生产单位应当具备相应的生产工艺设备、试验检测条件，建立完善的质量管理体系，以保证产品质量。

预制构件生产企业应建立预制构件全过程可追溯的质量管理制度，预制构件出厂时提供产品合格证明、型式检验报告以及出厂检验报告。预制构件上应预埋芯片或黏贴二维码进行唯一性标识，标识内容应包含工程名称、构件名、型号、生产单位、执行标准、制作浇筑日期、驻厂监造单位及人员等，出厂标识应设置在便于现场识别的显著部位，在预制构件生产、运输、施工等环节全面推行物联网等信息技术。

第四章　监督管理

第十三条　各区(市)住房城乡建设主管部门应强化装配式建筑项目质量安全监管，全面落实各方主体的质量安全责任，强化建设单位的首要责任，以及工程总承包、设计、施工、监理单位和部品部件生产企业的主体责任。

建设工程质量安全监督机构应严格落实国家和地方现行规范标准和有关管理规定，明确装配式建筑项目质量安全监督要点，加强部品部件产品质量抽查和施工现场质量安全检查，形成监督检查记录。

第十四条　各区(市)住房城乡建设主管部门应加大事中事后监管力度，对装配式建筑指标落实情况及施工现场实施情况按照"双随机、一公开"进行监督检查，从严查处有关违规行为。

第十五条　对未按本办法执行的建筑项目各方主体，应责令其改正，必要时停工整改，对违反相关规定的责任方依法实施处罚，并按照有关规定记录责任单位和责任人的不良行为，纳入信用管理体系，加强信用信息共享。

第五章　附则

第十六条　本办法由青岛市住房和城乡建设局负责解释。

第十七条　本办法自发布之日起实施，有效期为5年。

青岛市住房和城乡建设局文件

青建办字〔2021〕21号

青岛市住房和城乡建设局
关于印发《青岛市推进绿色建筑创建行动实施方案》的通知

各区(市)住房城乡建设主管部门,青岛西海岸新区住房和城乡建设局,各有关单位:

现将《青岛市推进绿色建筑创建行动实施方案》印发给你们,请结合实际,认真抓好贯彻落实。

青岛市住房和城乡建设局
2021年4月14日

青岛市推进绿色建筑创建行动实施方案

为全面贯彻党的十九大和十九届二中、三中、四中、五中全会精神,深入贯彻习近平生态文明思想,进一步推动我市绿色建筑高质量发展,根据《绿色建筑创建行动方案》(建标〔2020〕65 号)、《山东省绿色建筑创建行动实施方案》(鲁建节科字〔2020〕8 号)文件要求,结合我市实际,制定本实施方案。

一、创建对象

以本市行政区域内的城镇建筑为创建对象。绿色建筑指在全寿命期内节约资源、保护环境、减少污染,为人们提供健康、适用、高效的使用空间,最大限度实现人与自然和谐共生的高质量建筑。

二、创建目标

到 2022 年,城镇新建民用建筑中绿色建筑占比达 100%,星级绿色建筑占比持续增加,住宅健康性能不断提升,绿色建材应用进一步扩大,城镇新建建筑装配化建造方式占比达到 50%,建筑能效水效进一步提升,既有建筑节能改造和超低能耗建筑、近零能耗建筑发展扎实推进,推进绿色城市建设发展试点,稳步发展绿色生态城区、零碳社区,打造"山海灵动、幸福宜居、创新发展"的绿色青岛。

三、重点任务

(一)全面提升绿色建筑实施水平。城镇新建民用建筑全面执行绿色建筑标准,加强设计、图审、施工、监理、验收全过程闭合监管,确保绿色建筑标准落实。

下列项目应执行一星级及以上绿色建筑标准:① 5000 平方米以上公共建筑;②政府投资或以政府投资为主的居住建筑;③建筑面积大于 10 万平方米的居住建筑项目。

下列项目应执行二星级及以上绿色建筑标准：①政府投资或以政府投资为主的公共建筑；②大型公共建筑。

机关办公建筑应执行三星级绿色建筑标准。

（二）推动绿色城市建设发展试点。整合政策资源，发展绿色金融，制定青岛市绿色城市建设发展试点方案。城镇新区按照绿色生态城区标准规划建设，支持绿色生态城镇建设，完善标准规范体系，制定青岛市绿色生态城区建设导则，加强绿色生态城区管理水平，确保各项指标落实。通过财政、金融等手段，促进社会资本投入绿色建筑发展，到2022年，绿色消费激励机制基本构建，绿色城市建设发展试点取得显著成绩。

（三）推进星级绿色建筑认定标识。进一步规范青岛市绿色建筑标识认定管理，建立完善绿色建筑标识申报、审查、公示、撤销制度，强化事中事后监管，加强专家委员会、第三方检测、科技研发等相关能力建设，提高绿色建筑星级标识认定工作效率和水平。

（四）提升建筑能效水效。城镇新建建筑严格执行建筑节能标准，积极发展超低能耗建筑、近零能耗建筑。扎实推进既有居住建筑节能改造和公共建筑能效提升，支持节能服务企业和用能单位采取合同能源管理模式实施节能改造。因地制宜推广可再生能源建筑应用和建筑节水利用。在新城开发和老城更新改造中，严格落实海绵城市设计规范标准和管控指标要求，建设改造"渗滞蓄净用排"等设施，加强源头雨水污染控制和资源化利用。

（五）推广装配化建造方式。完善装配式建筑发展配套支持政策，大力发展装配式混凝土建筑和钢结构建筑，鼓励主体结构竖向构件围护墙采用墙体、保温、隔热、装饰一体化。推进装配式建筑评价，规范评价过程管理。健全项目设计、部品部件生产、施工等全过程管理体系，确保装配式建筑标准落实和工程质量安全。

（六）推广绿色建材应用。推进绿色建材认证，制定应用政策措施。开展政府采购支持绿色建材推广试点城市建设，不断提高绿色建材应用比例，培育绿色建材示范产品、企业和工程。到2022年，绿色建材和绿色建筑政府采购需求标准基本形成，政策措施体系和工作机制逐步完善，政府采购工程建筑品质得到提升，绿色消费理念进一步增强。

（七）加强技术研发推广。推进BIM技术应用，开展BIM施工技术应用示范，健全科技创新管理机制，指导行业企业加大研发投入，积极引导行业主体争创科学技术进步奖、BIM应用优秀成果奖等。持续推进绿色施工，以创建山东省绿色科技示范工程为抓手，鼓励我市建筑工程使用绿色施工新技术、新设备、新材料和新工艺。

（八）探索绿色住宅使用者监督机制。以星级绿色住宅为重点，研究建立使用者监督机制，适时将住宅绿色性能和全装修质量相关指标纳入商品住房买卖合同及住宅质量保证书、使用说明书。

四、组织实施

（一）加强组织领导。各区（市）住房城乡建设部门要建立健全工作机制,编制绿色建筑创建行动实施计划,细化目标任务,落实支持政策,确保创建工作取得实效。

（二）完善政策支持。充分发挥各级财政专项资金引导作用,加大高品质绿色建筑项目、技术研发创新和相关产业培育的支持力度。推动绿色金融支持绿色建筑发展,引导金融机构开展金融服务创新,将绿色建筑、装配式建筑、超低能耗建筑及既有建筑节能改造等纳入高质量绿色发展项目库,针对绿色建筑创建行动提供更优质的金融产品和金融服务。争取绿色发展基金支持,鼓励采用政府和社会资本合作（PP）、合同能源管理等市场化方式推进绿色建筑创建工作。

（三）强化绩效评价。市住房城乡建设局每年制定绿色建筑年度发展计划目标,并分解到各区市,进一步压实责任。每年对各区市开展工作调研评价,通报各区市绿色建筑工作落实情况。各区（市）住房城乡建设部门组织本地区绿色建筑创建行动成效评价,形成年度报告,于每年10月31日前报市住房城乡建设局。

（四）加大宣传引导。充分利用各类新闻媒体和活动载体,组织开展多渠道、多形式宣传,普及绿色建筑理念,宣传创建行动成效,推动形成绿色生活方式,发挥街道、社区等基层组织作用,积极组织群众参与,通过共谋共建共管共评共享,营造有利于绿色建筑高质量发展的社会氛围。

青岛市人民政府

青政字〔2021〕11 号

青岛市人民政府关于加快推进
绿色城市建设发展试点的实施意见

各区、市人民政府，青岛西海岸新区管委，市政府各部门，市直各单位：

为落实习近平总书记关于碳达峰、碳中和的庄严承诺，探索绿色城市高质量发展路径，转变城市建设方式，根据《住房城乡建设部人民银行银保监会关于支持青岛市绿色城市建设发展试点的函》（建标函〔2020〕175 号）有关要求，现就加快推进我市绿色城市建设发展试点工作提出以下实施意见。

一、总体要求

（一）指导思想。以习近平新时代中国特色社会主义思想为指导，坚持以人民为中心的发展思想，坚定不移贯彻新发展理念，加快建设开放、现代、活力、时尚的国际大都市。以实现经济社会发展全面绿色转型为引领，以绿色低碳发展为关键，把碳达峰、碳中和纳入城市生态文明建设整体布局，发挥青岛资源禀赋优势，加快绿色城市建设，推动高质量发展，让城市设施更完备、交通更顺畅、环境更优美，让市民生活更便捷、居住更舒适、感受更温馨，打造"山海灵动、幸福宜居、创新发展"的绿色青岛。

（二）工作目标。到 2022 年，青岛市绿色城市建设取得显著进展，按计划完成有关目标任务，城市自然和谐共生、基础设施健全便利、建设方式集约高效、人居环境宜居舒适、生活方式绿色低碳的城乡发展新格局基本形成，绿色金融市场化机制基本建立并不断完善，人民群众安全感、获得感、幸福感全面提升。

1.绿色金融体系基本建立。树立绿色价值观念,展示绿色综合效益,建立以绿色融资为特色的城乡建设市场化资源配置结构,绿色城市与绿色金融联动发展机制基本形成,适应高质量、绿色发展要求的社会信用体系和政策保障体系基本建成。

2.绿色生态水平明显提升。城乡人居环境改善明显,海绵城市建设持续推进。常住人口城镇化率力争达到75%。大陆自然岸线保有率不低于40%,近岸海域水质优良比例保持在98%以上,市本级城市生活污水集中收集率提升至87.2%。市区空气质量全面达到国家二级标准。建成区绿化覆盖率超过40%,万元生产总值能耗和二氧化碳排放量呈逐年下降趋势。

3.绿色建造体系逐步完善。全面建设高品质的绿色建筑,将提升建筑品质与建筑产业转型升级相结合,形成科研技术领先、集聚优势显著、产业规模突出的全产业链体系。装配式建筑占新建建筑的比例达到50%以上。建筑垃圾资源化利用率达到75%以上。

4.绿色生活水平显著提高。城市治理体系和治理能力现代化水平不断提高,完成城市综合管理服务指挥平台建设试点工作。城市文化品味和市民认同感、自豪感、幸福感提升明显,绿色生活消费方式成为居民自觉行动,各类生活垃圾得到无害化处理和资源化利用。城乡垃圾分类收集覆盖率达到100%,人均公园绿地面积稳定在15平方米以上,轨道交通出行量不断提升,清洁能源和新能源公交车车辆比例达到90%。

二、重点工作

(一)构建绿色金融体系。

1.探索推广市场应用模式。积极探索合同能源管理、公私合营等市场化服务模式。依法开展碳交易、排污权交易试点,培育和发展绿色交易市场。合理开放城市基础设施投资、建设和运营市场,鼓励应用特许经营、政府购买服务等手段吸引社会资本投入。建立绿色城市建设项目、绿色企业动态管理机制。开展绿色金融应用试点,规范示范项目审核、开发建设及验收流程,打造绿色城市与绿色金融联动发展项目样板,推动绿色信贷、绿色保险、绿色债券等绿色金融产品项目实践。(责任单位:市住房城乡建设局、市地方金融监管局)

2.搭建电子化常态化金企对接平台。建立"金企通"综合金融服务、人民银行融资服务等信息共享平台,支持发布绿色企业及绿色项目的融资需求信息,引导金融机构实时对接,解决金企信息不对称问题,提升金企对接效率,提高绿色企业及项目的融资可得性与便捷性。(责任单位:市地方金融监管局、人民银行青岛市中心支行、市住房城乡建设局)

3.研究设立绿色发展基金。探索建立支持绿色城市建设的绿色担保基金、发展基金,并构建与绿色信贷、绿色债券等绿色金融产品的联动机制。探索建立公共财政和私人资本合作的绿色产业基金模式,提高社会资本参与积极性。完善绿色基金管理制度,建立政府部门引导、专业投资团队运作的绿色基金管理模式。(责任单位:市住房城乡建设局)

4.积极推进绿色债券发展。鼓励地方法人金融机构积极发行绿色金融债券,支持绿色建筑建设、海绵城市建设、宜居乡村建设等项目,不断提高金融机构服务绿色城市的能力和水平。鼓励企业规范发行绿色债券和以绿色项目产生的现金流为支持的绿色资产支持票据等创新产品,拓宽中长期融资渠道,降低绿色项目融资成本。(责任单位:人民银行青岛市中心支行)

5.完善绿色信贷产品和服务。鼓励银行机构加大对绿色建筑、绿色基础设施、老旧小区改造等项目的信贷支持力度,探索构建差异化授信管理机制。鼓励银行机构结合市场实际需求,创新绿色信贷产品和服务,为绿色项目开发、建设、运营和个人购置绿色建筑等提供优质金融服务。鼓励银行机构拓宽信贷质押品范围,探索开展未来收益权质押等融资业务;围绕绿色项目核心企业,开展供应链金融业务,满足上下游企业的合理融资需求。推动编制绿色信贷实施细则,完善绿色贷款授信流程。(责任单位:市地方金融监管局、人民银行青岛市中心支行)

6.开展绿色保险实践。积极开展相关绿色保险产品应用实践。探索推广建筑领域绿色保险,充分发挥保险产品的风险保障及增信作用;推行绿色建筑性能保险,保障绿色住宅工程质量。加强绿色保险与绿色信贷联动,为绿色城市建设项目融资提供保障。(责任单位:市地方金融监管局、青岛银保监局)

7.加大财政税收政策支持。统筹安排市财政资金、新旧动能转换引导基金,加大对绿色城市建设项目及相关企业的支持力度。创新财政资金支持方式,以承接国家政府采购支持绿色建材应用促进建筑品质提升试点为契机,探索应用分期奖励、贴息、风险补偿等方式。积极引导国债、地方政府专项债、抗疫特别国债投向绿色城市建设。发挥新旧动能转换引导基金作用,引导政府性融资担保机构降低费率,建立风险补偿、分担等机制,支持绿色城市试点建设项目。(责任单位:市财政局)

(二)提升绿色生态水平。

8.统筹城乡规划建设管理。按照《中共中央国务院关于建立国土空间规划体系并监督实施的若干意见》(中发〔2019〕18号)要求,编制《青岛市国土空间总体规划》,完成资源环境承载力评价和国土空间开发适宜性评价,划定"三区三线",建立国土空间规划体系。推进我市自然保护地整合优化工作,编制青岛市自然保护地体系发展规划;坚持陆海统筹,编制青岛市海岸带及海域空间专项规划;推进外联内畅、级配合理的路网体系建设,编制青岛市综合交通体系规划。制定绿色城市建设发展相关规划,与国土空间总体规划做好衔接,推动实现城市"一张蓝图绘到底"。(责任单位:市自然资源和规划局、市住房城乡建设局、市园林和林业局分别牵头)

9.实施城市生态修复工程。跟踪督导青岛西海岸新区实施灵山岛生态修复示范工程二期项目。完成李村河、海泊河、墨水河、镰湾河等流域污染治理,治理总长度 345 公里的 76 条河道(河段),实现"水绿、岸清、河畅、景美"。开展留白增绿、拆违建绿、见缝插绿、破硬植绿,在中心城区、老城区打造 90 个自然宜居、层次感丰富的"口袋公园",完成 46 个郊野公园整治、256 公里绿道建设和 287 处立体绿化。(责任单位:市海洋发展局、市水务管理局、市园林和林业局、市生态环境局)

10. 系统性全域推进海绵城市建设。修编青岛市海绵城市专项规划,科学确定城市水环境、水生态、水安全、水资源治理目标、思路和建设重点,印发实施青岛市海绵城市规划建设管理办法,将海绵城市建设要求融入城市规划建设管理各环节。印发实施青岛市全面推进海绵城市建设三年行动方案(2021—2023 年),系统推进海绵城市建设,打造李村河流域、胶东国际机场、上合示范区等海绵城市建设典型样板。建设海绵城市监测考评系统,强化海绵城市智慧管控和效果评估。(责任单位:市住房城乡建设局牵头)

11. 继续推进农村人居环境整治。巩固城乡环卫一体化成果,建立健全城乡环卫一体化长效运行机制,鼓励区(市)引导社会资本参与农村垃圾分类终端处置和利用工作,加大镇级垃圾处理终端设施建设,打造农村生活垃圾分类达标示范村。推进农村改厕规范升级,进一步完善农村改厕后续管护机制。按照"就近消纳、鼓励还田、资源利用"的原则,探索农厕粪污资源化利用路径,鼓励建设有机肥加工、生物质制气等资源化利用项目。健全以区(市)为责任主体、镇(街道)为管理主体的农村公厕管理服务体系,落实农村公厕保洁员制度。(责任单位:市住房城乡建设局)

12. 稳步推进冬季清洁取暖改造。按照宜气则气、宜电则电、宜生物质则生物质的原则,安全稳步推进冬季清洁取暖改造。完善政策技术支持体系,提供农村清洁取暖技术服务。提升农村清洁取暖信息化水平,完善清洁取暖建设信息系统。加强清洁取暖质量安全监管工作,指导区(市)加强全过程监管。探索提升农村建筑能效水平,降低农村住宅冬季采暖能耗和清洁取暖运维成本。(责任单位:市住房城乡建设局)

13. 促进城市污水处理提质增效。加大城中村、老旧城区、城乡接合部生活污水收集处理设施建设力度,消除管网空白区。加快推进实施错接混接改造、管网更新、破损修复改造等工程,实施清污分流,逐步取消临时截污措施。提高城市污水处理厂进水可生化性,城市污水处理厂年均进水生化需氧量(BOD5)浓度稳定达到或超过 200 毫克 / 升。(责任单位:市水务管理局牵头)

14. 探索绿色生态城区和绿色生态城镇建设。规划建设上合示范区、崂山湾国际生态健康城两个绿色生态城区和张家楼、夏格庄两个绿色生态城镇。(责任单位:市住房城乡建设局牵头)

(三)建立绿色建造体系。

15. 全面建设绿色建筑。打造高品质绿色建筑示范城市,将绿色建筑发展指标列为土地出让必要条件。落实完善各种优惠政策,开展绿色建筑标识认定,提高标识项目比例,积极推动高品质绿色建筑建设。进一步完善相关管理办法和技术导则,推出住宅小区配置指南和住宅配置指南,建立绿色住宅使用者监督机制,完善交付验房制度。完成星级认证绿色建筑 500 万平方米。在崂山区、青岛西海岸新区、城阳区、即墨区开展近零能耗建筑试点示范。完成超低能耗建筑 30 万平方米。(责任单位:市住房城乡建设局牵头)

16. 推进既有建筑绿色改造。按照政府主导、企业参与、社会支持、住户配合的思路,结合老旧小区改造,有序推进既有居住建筑绿色改造,对非节能住宅实施围护结构保温改造,改善小区环境。继续开展公共建筑能效提升重点城市建设,完善建筑能耗监管平台,开展基于限额的公共建筑用能管理。完成既有居住建筑绿色改造 1000 万平方米,实施公共建筑能效提升工程 300 万平方米。(责任单位:市住房城乡建设局牵头)

17. 大力发展装配式建筑。促进装配式建筑规模性开发建设和区域性推广应用,重点发展装配式钢结构建筑和装配式混凝土建筑,鼓励主体结构竖向构件采用墙体、保温、隔热、装饰一体化预制部品部件。推进装配式建筑产业基地生产装备智能化升级改造,加快智能建造与建筑工业化协同发展,形成一批以优势企业为核心、涵盖全产业链的装配式建筑产业集群。不断提高装配式建筑占比,装配式建筑占新建建筑的比例达到 50%。(责任单位:市住房城乡建设局)

18. 推动绿色建材普及应用。大力推广应用绿色建材,搭建"绿色招采"工业互联网平台,采用信息化管理手段对当前绿色建材企业、品类、性能以及采购需求进行云数据管理,打造全产业链生态系统,撬动绿色建材产业发展。在平度和莱西开展废弃物矿山生态修复试点。按照产业化、组团化的发展理念,以产业聚集、优势互补和强强联合等方式,实现小企业向大产业园转变,规划建设综合性绿色产业园,逐步淘汰落后产能。全市建筑垃圾资源化利用量达到 3500 万吨/年以上,资源化利用率达到 75% 以上。(责任单位:市财政局、市住房城乡建设局分别牵头)

19. 开展绿色建造示范工程创建行动。完善建筑信息模型(BIM)技术应用框架体系,开展 BIM 技术应用试点示范推广工作。鼓励房屋建筑工程应用先进适用技术,实施绿色施工,推广基坑支护、基础工程、钢筋工程、信息技术和环境保护等新的绿色施工技术,创建山东省绿色施工科技示范工程。建设施工工地全面落实扬尘治理"六项措施",完成绿色施工目标。(责任单位:市住房城乡建设局)

20. 推动工程建设组织方式和劳务用工制度改革。引导企业积极采用工程总承包模式,提升企业工程总承包能力和水平,培育具有较强竞争力的工程总承包企业。大力发展以市场需求为导向、满足委托方多样化需求的全过程工程咨询服务模式。支持具有一定管理能力的班组长组建小微企业或注册个体工商户,推动发展一批以职业(工种)作业为主的专业企业。定期公布专业作业企业登记报送信息,发挥"技术能手"示范引领作用,不断提高职工队伍整体素质。(责任单位:市住房城乡建设局)

(四)增强绿色生活体验。

21. 实施城市功能修补工程。启动新建、改建幼儿园、中小学校 376 所,90% 以上的中小学校达到青岛市中小学高水平现代化学校标准。加快市公共卫生临床中心等5个重点医疗卫生项目建设,完成14处区(市)级及以下医疗卫生设施。推进市科技馆新建、市博物馆改扩建、市图书馆新馆建设等工作。建设不少于10处时尚运动主题公园,完成400处健身场地建设。(责任单位:市教育局、市卫生健康委、市文化和旅游局、市科协、市体育局按职责分别牵头)

22.建设内畅外达的绿色路网体系。初步建成城市轨道交通骨干网,实现内外交通一体化、中心城区运营网络化。鼓励采用先进设计理念和新型环保材料的道路项目建设。推进青岛至京沪高铁辅助通道铁路、潍烟铁路、莱荣铁路青岛段和新机场高速二期、明村至董家口高速、潍青高速等项目建设。累计开通7条轨道交通线路,轨道交通出行量不断提升。东岸城区新增快速路12.2公里,规划快速路网建成率达到60%。打通市北区、李沧区、崂山区未贯通主次干道23条,其他区(市)完成30余条主干道建设任务。建设"立体化、零换乘、全通型"综合交通机场。(责任单位:市住房城乡建设局、市交通运输局、青岛地铁集团、青岛国际机场集团)

23.加快推进老旧小区绿色改造。建立完善老旧小区改造政策体系,出台青岛市城镇老旧小区改造技术导则、青岛市房屋维修规程等政策文件。进一步完善2021—2025年老旧小区改造规划,建立老旧小区改造项目库,推动建设安全健康、设施完善、管理有序的完整居住社区。启动老旧小区改造600万平方米。(责任单位:市住房城乡建设局牵头)

24.加强城乡历史文化保护与传承。优化完善青岛近现代历史建筑修缮施工导则、青岛历史建筑保护规划技术导则,在"应保尽保"的前提下,优化历史城区空间布局,推动老建筑的活化利用。坚持"修旧如旧"原则,做好历史文化建筑保护。开展历史建筑测绘、建档和挂牌工作,完成已公布历史建筑的测绘建档和挂牌工作。推进历史城区保护更新,开展北京路围合区域、黄岛路、宁阳路、四方路、馆陶路、上海路一武定路等街区建筑保护修缮。推进历史城区保护更新数据信息采集,开展历史建筑"一栋一策"保护图则编制。编制青岛市市域乡村风貌规划,落实城市历史文化名镇名村保护、传统村落保护、重点功能组团风貌引导等要求,形成与"美丽青岛"相得益彰的村庄建筑群落。(责任单位:青岛市历史城区保护更新指挥部、市自然资源和规划局、市住房城乡建设局牵头)

25.推进乡村产业振兴。积极建设田园综合体,着力发展生产经营新模式新业态。提升农业生产经营主体能级,引进、培育大型涉农涉海企业,培育新型经营主体,提高土地规模化经营水平。坚持市场化导向,转变营销方式,发挥龙头企业和各种协会、商会、合作社作用,积极培育一批电商平台和业户,开拓新渠道、新市场。坚持因地制宜,积极探索渔业、渔村、渔民加快发展新路子。(责任单位:市农业农村局牵头)

26.加强生活垃圾分类管理水平。按照政府推动、全民参与、城乡统筹、系统推进的原则,推行生活垃圾分类制度。针对生活垃圾分类体系建设短板,全链条推进、全过程提质、全社会参与,推动生活垃圾的减量化、资源化、无害化。全市实现生活垃圾分类全覆盖,生活垃圾回收利用率不低于35%,基本建成生活垃圾分类投放、收集、运输、处理体系。(责任单位:市城市管理局、市住房城乡建

设局牵头）

27.开展绿色社区创建行动。建立健全社区人居环境建设和整治制度,促进社区节能节水、绿化环卫、垃圾分类、设施维护等工作有序推进。推进社区基础设施绿色化,完善节能照明、节水器具等水、电、气、路配套基础设施。营造社区宜居环境,优化停车管理,规范管线设置,加强噪声治理,合理布局建设公共绿地,增加公共活动空间和健身设施。提高社区信息化智能化水平,充分利用现有信息平台,整合社区安保、公共设施管理、环境卫生监测等数据信息。培育社区绿色文化,开展绿色生活主题宣传,贯彻共建共治共享理念,发动居民广泛参与。推动在物业管理项目、物业服务企业、业主委员会中建立党组织,形成党建引领、行业主管、基层主抓,共建共治共享的工作格局,全面推进"齐鲁红色物业"建设。完成10个绿色社区创建。(责任单位:市住房城乡建设局牵头)

三、工作措施

(一)加强组织领导。成立青岛市绿色城市建设发展工作领导小组(成员名单附后),负责绿色城市建设发展试点工作的统筹调度和组织推进。领导小组办公室设在市住房城乡建设局,作为具体任务牵头单位,负责做好组织协调、推进落实工作。其他各成员单位要认真履行职责,加强分工协作,落实试点要求和工作目标。2021年年底前开展中期考核,2022年年底前开展终期验收工作。

(二)推进智慧共治和精准施策。开展城市综合管理服务平台建设试点工作,促进服务方式的深度转变和服务水平的全面提升。探索城市信息模型(CIM)平台建设,在重点区域推进公用事业等行业物联网试点应用,进一步提高城市感知敏锐度,提升城市管理互联感知、数据分析和智能决策水平。拓展群众参与城市管理渠道,形成群众广泛参与、部门协同配合、平台统一指挥、共同解决城市管理问题的长效机制。建立贯通市、区(市)两级,覆盖各有关部门的工程建设项目审批管理系统,形成"一个窗口"提供综合服务,"一张蓝图"统筹项目实施,"一张表单"整合申报材料,"一套机制"规范审批运行的"四个一"审批管理体系。建立全市工程建设项目审批信用信息平台,加强事中事后监管和信用体系建设。(责任单位:市住房城乡建设局、市城市管理局、市行政审批局)

(三)开展美好环境与幸福生活共同缔造活动。积极发挥基层党组织"党建引领"作用,提高基层治理水平,坚持共同缔造原则,广泛发动群众共谋共建共管共评。积极宣传"共同缔造"理念,动员群众、企业、社会力量积极参与共同缔造,试点期内开展5个美好环境与幸福生活共同缔造试点。(责任单位:市住房城乡建设局)

(四)探索建立城市体检评估制度。构建"一年一体检,五年一评估"的城市体检评估常态化工作机制。坚持问题导向,探索反映城市发展建设目标和实施状况的量化指标,采用自体检与第三方体检结合的模式,针对城市体检发现的与群众生活密切相关、社

会反映强烈的问题,提出工作任务清单和建设项目清单,明确解决措施。（责任单位：市住房城乡建设局）

（五）加大科技创新力度。充分发挥创新平台作用,加快聚集创新要素和创新资源,强化绿色城市理论基础、制度体系、实施模式等方面的创新研究。引导企业对标绿色标准,推动生产方式、产品设计绿色化,打造绿色工厂,开发绿色设计产品。鼓励省级以上园区优化产业结构,推进产业耦合共生,提升资源综合利用水平,创建绿色园区。鼓励本地相关高等学校增设绿色城市建设及相关课程,培养专业化人才队伍。（责任单位：市科技局、市住房城乡建设局、市工业和信息化局、市教育局、青岛蓝谷管理局、李沧区政府）

附件：青岛市绿色城市建设发展工作领导小组成员名单

2021 年 5 月 18 日

（此件公开发布）

青岛西海岸新区住房和城乡建设局

青西新住建发〔2020〕444号

青岛西海岸新区住房和城乡建设局
关于进一步推进装配式建筑发展的通知

各建设、施工、监理、设计企业,各有关单位:

为进一步加强装配式建筑产业的规范管理与发展,提高新建建筑装配式建筑比例,促进装配式建筑快速发展,根据《青岛市绿色建筑与超低能耗建筑发展专项规划》(2021—2025年)、青岛市住建局《关于提高装配式建筑面积占比的说明》要求,有关事宜通知如下:

一、明确工作目标

自2021年1月1日起,对新进入划拨、出让等供地程序的项目,装配式建筑面积比例达到40%,并逐年提高比例。

二、加大政策扶持

装配式建筑项目投入建设资金达到总投资额的25%以上、施工进度达到正负零,并已确定竣工交付日期的装配式建筑,建设单位提出申请,可办理商品房提前预售。

三、强化监督管理

（一）建设单位完成项目图纸设计，应提出预评价申请，区住建局负责组织专家评审；

（二）项目主体施工结束，墙体材料隐蔽前，建设单位提出装配式构件查验，区住建局负责组织实施；

（三）项目完成竣工验收后，建设单位提出评价申请，区住建局负责组织专家评审。

（四）建设、施工、设计、监理单位未按装配式有关要求执行的，在市场主体信用考核中给予处罚；情节严重的，在新区商事主体信用信息公示平台予以公布。

青岛西海岸新区住房和城乡建设局

2020 年 12 月 16 日

青岛市崂山区住房和城乡建设局文件

崂住建〔2021〕7号

崂山区住房和城乡建设局印发
《关于加快推进崂山区绿色建筑和装配式建筑发展实施方案（试行）》的通知

各有关单位：

　　为加快推进崂山区绿色建筑和装配式建筑发展，区住房城乡建设局制定了《关于加快推进崂山区绿色建筑和装配式建筑发展实施方案（试行）》，经区政府同意，现印发给你们，请认真组织实施。

崂山区住房和城乡建设局

2021年2月1日

（此件公开发布）

关于加快推进崂山区绿色建筑和装配式建筑
发展实施方案（试行）

根据《住房和城乡建设部等 7 部委关于印发绿色建筑创建行动方案的通知》（建标〔2020〕65 号）、《国务院办公厅关于转发发展改革委住房城乡建设部绿色建筑行动方案的通知》（国办发〔2013〕1 号）、《国务院办公厅关于大力发展装配式建筑的指导意见》（国办发〔2016〕71 号）、《山东省绿色建筑促进办法》（省政府令第 323 号）、《关于推进装配式建筑发展若干政策措施的通知》（青政办发〔2021〕3 号）等要求，为加快推进绿色建筑和装配式建筑发展，促进我区建筑业转型升级、提质增效和高质量发展，结合我区实际，制定本实施方案。

一、指导思想

深入贯彻落实创新、协调、绿色、开放、共享发展理念，围绕建设资源节约型、环境友好型城市的总体要求，以发展高星级绿色建筑为方向，以提高建筑业发展质量和效益为中心，大力调整建筑产业结构，加快推进建筑产业现代化，推动建筑业动能转换，着力加快打造开放创新宜业怡居的山海品质新城。

二、基本原则

1. 市场主导与政府引导相结合。充分发挥市场在资源配置中的决定性作用，以企业为主体，遵循市场发展规律，发挥政府引导作用，完善市场机制，激发市场活力，促进市场主体积极参与，营造有利于绿色建筑和装配式建筑发展的市场环境。

2. 示范带动和政策措施相结合。发挥政府投资项目的示范引领作用，推动绿色建筑和装配式建筑示范项目建设，以示范带动项目和政策保障措施助推绿色建筑和装配式建筑加快发展。

3. 转型升级与提质增效相结合。用科技手段和信息技术提升传统建筑业，以建造方式变革促进工程建设全过程提质增效，带动建筑业整体水平的提升。提高科技创新能力,推动新技术、新材料、新能源发展应用,加快淘汰落后技术产品。

4.以人为本与可持续发展相结合。坚持以人民为中心的发展理念,以提升人民幸福感、获得感为目标,构建"共建、共享、共治"绿色发展方式。加强规划设计的适应性、开发性和社会参与性,坚持规划设计的社会效益和环境效益的统一。

三、工作目标

1.实现绿色建筑全覆盖。按照"普及一星、鼓励二星、支持三星"绿色建筑的总目标,建筑节能设计和执行率达到100%。到2023年,二星级及以上绿色建筑占新建建筑面积的比例达到30%以上。推动超低能耗建筑、近零能耗建筑有序发展。

2.提高装配式建筑覆盖面。大力发展装配式建筑,政府投资或以政府投资为主的公共建筑(医院、学校和幼儿园等)优先采用钢结构。到2023年,新建民用建筑项目的装配式建筑面积应达到新建建筑面积的50%以上,单体装配率达到50%以上。

四、主要任务

(一)加快推进绿色建筑发展

1.大力推进绿色建筑。新建民用建筑的规划建设,全部按一星级及以上绿色建筑标准设计建造。政府投资或者以政府投资为主的公共建筑及非政府投资建筑面积大于等于2万平方米的公共建筑和用地面积大于2万平方米的住宅(混合)项目全面执行二星级及以上绿色建筑要求;地标性建筑、关键节点重要地段建筑及政府投资或者以政府投资为主的办公、科研、文化建筑执行三星级绿色建筑要求;金家岭金融聚集区、崂山湾国际生态健康城等区域的新建建筑均执行二星级及以上绿色建筑标准,打造"绿色生态城区"。

2.积极发展超低能耗建筑。严格执行居住建筑节能75%、公共建筑节能72.5%标准,积极发展超低能耗建筑。金家岭金融聚集区、崂山湾国际生态健康城等区域内的小学、幼儿园,图书馆、社区活动中心、展示中心,以及体育公园、生态客厅、沿海沿河等重要地段的重点建筑项目等,应采用超低能耗建筑技术。由政府投资或以政府投资为主的其他公共建筑,以及非政府投资的办公建筑、医疗建筑、科研建筑等项目,优先采用超低能耗建筑技术。新建总建筑面积10万平方米及以上的项目,宜建设1栋以上面积不少于1万平方米超低能耗建筑。鼓励集中连片建设超低能耗建筑,探索推进崂山湾国际生态健康城大北海、平顶山控制单元开展"近零能耗建筑试点示范"建设,打造"绿色低碳城区"。

3.推广应用绿色建材及智能化技术。政府投资的医院、学校、办公楼等工程率先采用绿色建材,按照二星级及以上标准建设和运行的绿色建筑绿色建材应用比例不低于 50%,积极推广多功能复合一体化墙体材料、高性能保温材料、高性能节能窗、高性能混凝土、高强钢筋等绿色建材发展利用。单体建筑面积 2 万平方米以上的公共建筑应采用建筑信息模型(BIM)技术,积极探索 5G、物联网、云计算、大数据、人工智能等新技术在工程建设领域的应用,推动绿色建造与新技术融合发展。

4. 有序推进绿色农房建设。结合美丽宜居乡村建设、农村改厕、危房改造等工作,加强农村村庄规划管理,编制农村住宅推荐设计通用图集,推进沿海地区绿色农房建设、绿色建筑技术等研究,积极开展传统农房改造示范,推广使用钢结构的新型房屋,提升居住质量、舒适性和安全性。

5. 着力推进建筑废弃物循环利用。严格落实建筑废弃物处理责任制,按照"谁产生、谁负责"的原则进行建筑废弃物的收集、运输和处理。推广利用建筑废弃物生产新型墙材产品。推行建筑废弃物集中处理和分级利用,大力提高固体建筑废弃物利用率。

(二)积极推动装配式建筑发展

1. 落实工程项目。以预制混凝土、钢结构、预制构配件和部品部件等为重点,落实装配式建筑的标准和规范,确保工程质量和安全。政府投资建设的学校、医院、幼儿园、保障性住房、体育场馆等公共建筑项目应采用装配式建筑技术建造。其他新建建筑项目装配式建筑面积比例不低于地上建筑面积的 40%。

2. 拓展应用范围。积极推进建筑小区围墙、临时建筑、道路桥梁、涵洞、市政管道、检查井和雨水井等建设中采用适宜的装配式部品部件。大力推广钢结构在工业厂房等建筑中的应用,鼓励住宅建筑采用钢结构装配式建筑技术建造。

3. 鼓励农村民居采用装配式建筑技术建造。在我区美丽宜居乡村建设中积极稳妥推进装配式结构建筑。支持农村民居和街道社区建筑工程首选装配式建筑技术建造,集中连片民居和集中连片建筑工程可按照装配式建造,农民自建房屋可根据家庭实际,选择装配式混凝土结构、钢结构、木结构等适宜技术建造。

4. 推进建筑全装修。新建高层、小高层住宅淘汰毛坯房,实施全装修,装配式建筑原则上同步进行装饰装修施工,钢结构住宅须同步进行装饰装修。积极推广标准化、集成化、模块化的装修模式,促进整体厨卫、轻质隔墙等材料、产品和设备管线集成化技术的应用,提高装配化装修水平。

(三)推行工程总承包和绿色建筑评价机制

1. 装配式建筑工程项目、全部使用国有资金或国有资金占控股或者主导地位的计容建筑面积在 1 万平方米及以上的房屋建筑工程(主要包括新建改扩建学校、医院、保障性住房等房建工程)可采用工程总承包模式发包,实行工程总承包的政府投资项目应采用全过程工程咨询模式。装配式建筑应采用建筑信息模型(BIM)技术。

2.绿色建筑、装配式建筑的建设单位，应按照本方案及有关规范标准进行规划设计、施工和验收，在工程施工图设计完成后和项目竣工后，应自行组织专家或委托具有相应技术能力的第三方机构对绿色建筑、装配式建筑、低能耗建筑项目是否符合本方案及有关规范标准进行预评价和项目评价，评价意见作为建筑（住宅）产业化技术要求的证明材料之一。

3.在项目建设条件中明确绿色建筑星级标准以及拟申请绿色建筑奖励资金的二星级及以上绿色建筑项目，应取得绿色建筑相应评价标识。

五、政策支持

（一）减轻企业负担

1.装配式建筑和超低能耗建筑投入的开发建设资金达到总投资额的25%以上、施工进度达到正负零，并已确定施工进度和竣工交付日期的住宅，可办理商品房预售许可证。

2.对装配率≥50%的装配式建筑项目，给予预制外墙建筑面积不超过规划总建筑面积3%部分不计入建筑容积率核算的奖励扶持；对超低能耗建筑因节能技术要求，超出现行节能技术标准规定增加的保温层面积，给予不计入建筑容积率核算的奖励扶持。

3.对符合规定的装配式商品房项目，预售资金监管比例可适当降低。

4.通过装配式建筑预评价的装配式建筑项目享受免缴建筑废弃物处置费优惠政策。

5.企业开发绿色建筑新技术、新工艺、新材料和新设备发生的研究开发费用，可以按照国家有关规定享受税前加计扣除等优惠政策。

6.装配式建筑可按照技术复杂类工程项目进行招投标。对只有少数企业能够承建的项目，按规定可采用邀请招标。

（二）资金支持政策

对获得建设行政主管部门颁发的二星级、三星级绿色建筑标识项目（工业厂房除外），单体装配率达到60%以上（含60%）的装配式建筑项目，被动式超低能耗建筑项目按照《崂山区关于扶持建筑业企业发展的实施意见（试行）》给予资金扶持。

（三）绿色金融支持

1.鼓励金融机构加大对绿色建筑、装配式建筑领域的信贷支持力度，拓宽抵押质押的种类和范围，并在贷款额度、贷款期限及贷款利率等方面予以倾斜。

2.鼓励金融机构发挥自身优势,积极组建绿色金融专业团队、特色分(支)行等多种形式的绿色金融服务专营机构,提升金融服务专业化水平。

（四）其他支持政策

1.搭建绿色建筑企业与金融机构服务平台,发布绿色建筑企业融资需求信息,提升金企对接效率,提高绿色建筑企业融资可得性与便捷性。

2.对于取得绿色建筑、装配式建筑和超低能耗建筑示范项目的企业,在评优评奖时优先考虑,相关参建单位在青岛市建筑市场主体信用考核中按市统一规定给予加分。

3.推进装配式部品部件评价标识信息纳入政府采购、招投标、融资授信等环节的采信系统。

六、保障措施

（一）健全工作机制

健全绿色建筑和装配式建筑发展工作机制和统筹协调,建立由区发展改革局、区财政局、区自然资源局、区住房城乡建设局、崂山规划分局等单位组成的联席会议制度。区住房城乡建设局为牵头单位,负责组织相关单位协调绿色建筑和装配式建筑发展工作,解决绿色建筑和装配式建筑工作中的重大问题。

（二）注重协调配合

1.区发展改革局会同区住房城乡建设局对需要审批、核准的新建民用建筑项目,应核查其可行性研究报告或者项目申请报告是否明确绿色建筑等级、装配式建筑建设比例等指标。

2.崂山规划分局应根据《崂山区绿色建筑发展规划（2020—2025）》和控制性详细规划,在规划条件中提出绿色建筑、装配式建筑建设等要求。

3.区住房城乡建设局应根据《崂山区绿色建筑发展规划（2020—2025）》和有关规定,在项目建设条件中明确绿色建筑等级、装配式建筑建设比例、装配率等指标以及低能耗建筑建设要求。加强设计和审图管理,对不符合绿色建筑装配式建筑、低能耗建筑有关指标和标准要求的,不予通过施工图审查（抽查）、工程竣工验收备案时,将绿色建筑、装配式建筑及低能耗建筑应用情况作为重点核查内容。

4.区自然资源局应将建设条件中提出的有关指标和要求在土地出让条件或项目选址意见书中予以明确,并落实到土地使用合同中。

5.区财政局要加大绿色建筑和装配式建筑的资金投入,落实相关扶持政策。

（三）加大科研力度

积极推动与中国建筑科学研究院等科研机构、企业、院校交流与合作,成立崂山区绿色建筑规划建设智库团队,为崂山区绿色建筑发展提供指导意见。抓好绿色建筑认证和运营标识建设,引进培育专业机构,推进绿色建筑积极有序发展,为建设山海品质新城奠定坚实基础。

（四）广泛舆论宣传

大力宣传绿色建筑和装配式建筑工作,通过多种形式广泛宣传发展绿色建筑和装配式建筑的基本知识,深入宣传发展装配式建筑和住宅全装修的经济社会效益,支持行业协会、技术咨询及科研机构开展装配式建筑技术宣贯培训,营造各方和全社会共同关注、支持、实施绿色建筑和装配式建筑及住宅全装修发展的良好氛围。

（五）深化监管服务

建立健全绿色建筑和装配式建筑管理制度,完善绿色建筑,尤其是装配式建筑工程质量安全管理制度,健全质量安全责任体系。加强行业监管,加大抽查抽测力度,严肃查处质量安全违法违规行为。建立全过程质量追溯制度,必要时可以委托第三方检测机构进行检测,严肃查处质量安全违法违规行为。严把施工过程质量安全监管工作,监督"五方主体"落实绿色建筑和装配式建筑有关法律法规、技术标准,严查施工环节违规违法行为,并记录责任主体的不良行为。对未按照设计和建设条件要求进行建设的项目,不予办理建筑工程竣工验收手续和项目竣工综合验收备案手续。

七、本实施方案自发布之日起施行,有效期至 2023 年 12 月 31 日。实施期内与上级主管部门新发布的政策不一致的,以上级政策为准

青岛市崂山区住房和城乡建设局
青岛市崂山区自然资源局
青岛市崂山区行政审批服务局
青岛市自然资源和规划局崂山规划分局

崂住建〔2021〕52号

关于印发《崂山区装配式建筑预制外墙
不计入建筑容积率实施细则（试行）》的通知

各有关单位：

　　根据国家省市关于装配式建筑发展有关文件，为促进崂山区装配式建筑发展，提高项目建设的效率和质量，区住房和城乡建设局、区自然资源局、区行政审批服务局、市自然资源和规划局崂山规划分局组织制定了《崂山区装配式建筑预制外墙不计入建筑容积率实施细则》，现予印发，请遵照执行。

崂山区住房和城乡建设局　　　　　　崂山区自然资源局
崂山区行政审批服务局　　　　　　　青岛市自然资源和规划局崂山规划分局

2021年10月8日

崂山区装配式建筑预制外墙
不计入建筑容积率实施细则（试行）

为进一步推动崂山区装配式建筑发展,提高建设项目劳动生产效率和质量安全水平,促进建筑业转型升级,根据《国务院办公厅关于大力发展装配式建筑的指导意见》(国办发〔2016〕71 号)、《山东省人民政府办公厅关于贯彻国办发〔2016〕71 号文件大力发展装配式建筑的实施意见》(鲁政办发〔2017〕28 号)、《青岛市人民政府办公厅关于推进装配式建筑发展若干政策措施的通知》(青政办发〔2021〕3 号)、《崂山区住房和城乡建设局印发关于加快推进崂山区绿色建筑和装配式建筑发展实施方案(试行)》(崂住建〔2021〕7 号)等文件要求,结合我区实际,制定本实施细则。

一、基本规定

1. 本细则适用于开发建设单位取得国有建设用地使用权、尚未取得《建设工程规划许可证》的房屋建筑项目,以及拟进行土地出让(划拨)的房屋建筑项目。

2. 符合国家、山东省《装配式建筑评价标准》有关要求,单体装配率 ≥ 50%、采用装配式外墙技术产品的装配式建筑,其预制外墙(包含内叶板、保温层、外叶板)建筑面积不超过地上建筑面积 3% 部分,按规定计算建筑面积,但不计入建筑容积率。

3. 不计入建筑容积率的预制外墙建筑面积(以下简称"不计容面积")按照宗地成交楼面地价计收土地价款,该建筑面积的土地使用权使用期限和起始年期维持原土地使用权出让合同的约定不变。

二、前期手续办理

（一）装配式建筑预评价
建设单位应按有关要求编制装配式建筑评价方案,明确实施装配式建筑的单位工程(幢号)、面积、应用比例、装配率、不计容面积等相关信息，装配式建筑楼座的建筑、结构专业图纸应采用建筑信息模型（简称 BIM）技术，建设单位在取得《建设工程规划许可证》前，向青岛市住房和城乡建设局提出装配式建筑预评价申请。

装配式建筑通过预评价后，建设单位向区住房城乡建设局提供青岛市装配式建筑预评价意见、实施装配式建筑承诺书、装配式建筑实施方案等材料，经区住房城乡建设局确认后，出具装配式建筑预评价确认函。同时，区住房城乡建设局将青岛市装配式建筑预评价意见、装配式建筑预评价确认函推送至区行政审批服务局、区自然资源局、崂山规划分局；项目预评价确认函应明确装配式建筑单体预制外墙不计容面积。

建设单位提供的实施装配式建筑承诺书应明确严格按照国家和省、市装配式建筑的相关技术要求实施。

（二）建设工程规划许可

建设单位向规划部门申请办理《建设工程规划许可证》时，同时提供区住房城乡建设局出具的装配式建筑预评价确认函，规划部门应将核实的不计容面积在《建设工程规划许可证》及附图中注明。

（三）施工图审查（抽查）

建设单位应在施工图设计文件中注明装配式建筑不计容面积、比例，并在施工图设计完成后，将施工图设计文件、装配式建筑项目实施方案、装配式建筑预评价确认函等材料提交至施工图审查（抽查）技术服务单位。

施工图审查（抽查）技术服务单位应对装配式建筑指标进行审查，经审查合格，出具施工图设计文件审查合格书，并在施工图设计文件审查合格书和审查报告中注明，审查不合格的，不予出具审查合格意见。

（四）房屋预售

建设单位应在某一装配式建筑单体楼座的独立商住单元中划分出一定区域，作为整个项目装配式建筑不计容总面积的对应区域，并在首次办理项目预售许可时向房屋销售管理部门出具装配式建筑不计容总面积对应区域承诺书，该对应区域的位置一经确定，不得变更。

建设单位不得将装配式建筑不计容总面积对应区域纳入预售范围，且不纳入预售范围的面积不得少于装配式建筑不计容总面积。

三、监管与验收

（一）质量监管

建设单位、监理单位、施工单位应严格按照装配式建筑项目实施方案、施工图纸要求进行建设、监理和施工，及时收集预制构件质量、进场验收及施工过程中的资料。建设工程质量监督机构应当加强装配式建筑的质量管理,并将项目实施装配式建筑的情况纳入日常监督检查。

(二)装配式建筑项目评价

在项目竣工阶段,建设单位向区住房城乡建设局提出项目评价申请,并组织装配式建筑项目评价。项目通过评价后,区住房城乡建设局向建设单位出具装配式建筑项目评价确认函。同时,区住房城乡建设局将装配式建筑项目评价确认函推送至区行政审批服务局、区自然资源局、崂山规划分局;项目评价确认函应明确装配式建筑单体预制外墙不计容面积。

(三)规划验收

建设单位在申请办理《建设工程规划验收合格证》时,应主动出示区住房城乡建设局出具的装配式建筑项目评价确认函,崂山规划分局应当予以核实并将不计容面积在《建设工程规划验收合格证》中备注。

(四)竣工验收

建设单位在组织竣工验收时,应将实施装配式建筑的单体建筑位置和面积、结构类型、预制构件种类、装配式施工技术、装配率以及是否符合施工图设计文件和装配式建筑的相关要求等内容纳入工程竣工验收报告,竣工验收报告应当经工程建设各方责任主体签字确认。未取得装配式建筑项目评价确认函的项目,不得组织竣工验收。建设工程质量监督机构对建设单位组织的工程竣工验收进行监督。

(五)竣工备案

建设单位在办理建设工程竣工备案手续时,应主动出示区住房城乡建设局出具的装配式建筑项目评价确认函,备案机关应核实《建设工程竣工规划核实合格证》等材料,并在《建设工程竣工备案表》备注项目评价确认函中的不计容面积。

(六)产权办理

测绘单位应将装配式建筑不计容面积在测绘成果中予以标注,作为建筑面积核算和不动产登记依据。

四、实施保障

建设单位对其提交的装配式建筑评价意见、装配式建筑实施方案、预制外墙建筑面积等资料的真实性、准确性负责,承担主体责任。

建设单位未按照要求实施装配式建筑项目的，装配式建筑不计容总面积对应区域将无偿收回，用作人才住房和保障性住房，并依法保留对责任单位和责任人追究法律责任的权利，对建设、施工、监理等单位的违规行为按相关规定给予处理，并记入企业诚信档案。

五、实施期限

本细则自 2021 年 10 月 8 日起实施，有效期至 2023 年 10 月 7 日。实施期内与上级主管部门新发布的政策不一致的，以上级政策为准。

中共青岛市城阳区委办公室文件

城办发〔2019〕12 号

中共青岛市城阳区委办公室　青岛市城阳区人民政府办公室
关于印发《城阳区加快推进装配式建筑发展的意见》的通知

各街道党工委、办事处,区委各部门,区政府各部门,区直各单位,省、市驻城阳各单位,区人武部:

　　现将《城阳区加快推进装配式建筑发展的意见》印发给你们,望按照职责分工,认真抓好工作落实。

中共青岛市城阳区委办公室

青岛市城阳区人民政府办公室

2019 年 10 月 30 日

城阳区加快推进装配式建筑发展的意见

为认真贯彻落实《国务院办公厅关于大力发展装配式建筑的指导意见》（国办发〔2016〕71号）、《山东省政府办公厅关于贯彻国办发〔2016〕71号文件大力发展装配式建筑的实施意见》（鲁政办发〔2017〕28号）、《关于印发山东省省级建筑节能与绿色建筑发展专项资金管理办法的通知》（鲁财建〔2018〕21号）、《山东省绿色建筑促进办法》（省政府令第323号）和《青岛市人民政府办公厅关于印发青岛市推进装配式建筑发展若干政策措施的通知》（青政办发〔2016〕29号）等文件精神，加快我区建筑领域新旧动能转换，促进建筑业转型升级，制定本意见。

一、总体要求

（一）指导思想

以习近平新时代中国特色社会主义思想为指导，按照"五位一体"总体布局和"四个全面"战略布局，坚持创新、协调、绿色、开放、共享的发展理念，全面贯彻党的十九大以及中央城市工作会议精神，认真落实国家和省、市有关决策部署，按照适用、经济、安全、绿色、美观的要求，加快建筑领域新旧动能转换，高质量推进装配式建筑发展，推动建造方式改革创新，加快推广装配式建筑，不断提高装配式建筑占新建建筑的比例，促进建筑产业转型升级。

（二）基本原则

坚持市场主导、政府推动。适应市场需求，充分发挥市场在资源配置中的决定性作用，更好发挥政府规划引导和政策支持作用，促进市场主体积极参与、协同配合，有序发展装配式建筑。

坚持典型示范、重点推进。充分发挥大型房地产企业的示范带动作用，先期建设规模较大的装配式建筑开发示范项目，引领产业发展。

坚持创新驱动，转型升级。大力开展科技创新和管理创新，逐步完善装配式建筑管理模式，以装配式建筑发展为契机，加快建筑领域新旧动能转换，促进建筑业转型升级、绿色发展。

（三）工作目标

自 2019 年起，以招拍挂方式供地的建设项目装配式建筑占新建建筑面积比例达到 30% 以上，并逐年提高比例，到 2025 年装配式建筑占新建建筑面积达到 40% 以上。以政府投资为主建设的机关办公建筑、市政工程和商业、服务业、教育、卫生等公共建筑，适合装配式建筑的项目应优先采用装配式建筑技术建设；公共租赁住房、人才公寓和棚户区改造（旧村改造）安置房等项目，有条件的须采用装配式建筑技术建设。

二、重点任务

1. 创新装配式建筑设计。统筹建筑结构、机电设备、部品部件、装配施工、装饰装修等建设内容，推行装配式建筑一体化集成设计。推广通用化、模数化、标准化设计方式，积极应用建筑信息模型（BIM）技术，提高建筑领域各专业协同设计能力，加强装配式建筑建设全过程的指导和服务。

2. 优化部品部件生产。引导建筑行业部品部件生产企业合理布局，培育一批技术先进、专业配套、管理规范的骨干企业和生产基地。支持部品部件生产企业完善产品品种和规格，促进专业化、标准化、规模化、信息化生产，优化物流管理，合理组织配送。建立部品部件质量验收机制，确保产品质量。支持相关企业投资建设建筑产业化基地。

3. 提升装配施工水平。引导企业研发应用与装配式施工相适应的技术、设备和机具，提高部品部件的装配施工连接质量和建筑安全性能。鼓励企业创新施工组织方式，推行绿色施工，应用结构工程与分部分项工程协同施工新模式。支持施工企业总结编制施工工法，提高装配施工技能，实现技术工艺、组织管理、技能队伍的转变，打造一批具有较高装配施工技术水平的骨干企业。

4. 推进建筑全装修。实行装配式建筑装饰装修与主体结构、机电设备协同施工。积极推广标准化、集成化、模块化的装修模式，促进整体厨卫、轻质隔墙等材料、产品和设备管线集成化技术的应用，提高装配化装修水平。倡导菜单式全装修，满足消费者个性化需求。

5. 推广绿色建材应用。提高绿色建材在装配式建筑中的应用比例。开发应用品质优良、节能环保、功能良好的新型建筑材料。鼓励装饰与保温隔热材料一体化应用。强制淘汰不符合节能环保要求、质量性能差的建筑材料，确保建材安全、绿色、环保。鼓励和支持企业、高等院校、研发机构研究开发绿色建筑新技术、新工艺、新材料和新设备。

6. 促进绿色建筑发展。自 2019 年起，新建民用建筑（3 层以下居住建筑除外）的规划、设计、建设，应当采用国家和省规定的绿色建筑标准。其中,政府投资或者以政府投资为主的公共建筑以及其他大型公共建筑,应当按照二星级以上绿色建筑标准进行建设。按绿色建筑二星级以上标准设计和施工的项目,应优先采用装配式技术。设计单位应当按照绿色建筑等级和标准进行设计,明确材料、构件、设备的技术指标要求以及采取的绿色技术措施等内容,并在施工图设计文件中编制绿色建筑专篇。

7. 鼓励采用工程总承包模式。对装配式建筑项目适合工程总承包模式的要率先采用,工程总承包企业要对工程质量、安全、进度、造价负总责。要健全与装配式建筑总承包相适应的发包承包、施工许可、分包管理、工程造价、质量安全监管、竣工验收等制度,实现工程设计、部品部件生产、施工及采购的统一管理和深度融合,优化项目管理方式。支持大型设计、施工和部品部件生产企业向工程总承包企业转型。鼓励建筑设计、部品生产、施工企业组成联合体,共同参与装配式建筑工程总承包。

8. 确保工程质量安全。完善装配式建筑工程质量安全管理制度,健全质量安全责任体系,落实各方主体质量安全责任。施工企业要加强施工过程质量安全控制和检验检测,完善装配施工质量保证体系。加强行业监管,建立全过程质量追溯制度,加大抽查抽测力度,严肃查处质量安全违法违规行为。

三、政策支持

（一）用地规划保障

1. 自文件下发之日起,以招拍挂方式供地的建设项目装配式建筑占新建建筑面积应不低于30%,自然资源部门应将装配式建筑占新建建筑面积的比例纳入土地招拍挂文件,并在土地出让合同中予以明确。

2. 规划部门应将装配式建筑占新建建筑面积的比例纳入用地规划条件并将其落实到规划设计方案审查意见中,在出具项目规划设计条件通知书中予以明确。

3. 采用装配式外墙技术产品的建筑,其预制外墙建筑面积不超过规划总建筑面积3%的部分,不计入建筑容积率。

（二）实施区级财政资金奖励

1. 自文件下发之日起,对单体建筑面积大于5000平方米的装配式建筑项目（工业厂房及政府投资项目除外）,给予区级财政资金奖励。依据《装配式建筑评价标准》（GB/T 51129—2017）的规定,装配率达到50%（含50%）以上的项目,按建筑面积60元/平方米进行奖励,每个项目最高奖励300万元。

对单体建筑面积大于5000平方米、项目容积率不低于3.0的装配式高层工业楼宇项目和采用装配式建筑技术建设且装配率在

30%～50%(不含50%)的棚户区改造(旧村改造)安置房等项目,可按建筑面积30元/平方米进行奖励,每个项目最高奖励150万元。

2. 自文件下发之日起到2020年前建成并投产的市级以上建筑产业化基地给予补贴。市级建筑产业化基地按建设资金和设备投资总额的2%给予补贴,每个基地最高补贴80万元;省级建筑产业化基地按建设资金和设备投资总额的3%给予补贴,每个基地最高补贴150万元;国家级建筑产业化基地按建设资金和设备投资总额的5%给予补贴,每个基地最高补贴200万元。晋级的建筑产业化基地按规定给予补贴,但要扣除已取得的补贴金额。

(三)加大财税激励

1. 装配式建筑项目享受免缴建筑废弃物处置费优惠政策。

2. 符合国家产业政策,年生产性设备投入达到一定额度的装配式建筑生产企业的重点技改项目,享受贷款贴息等优惠政策以及市加快新旧动能转换的相关政策。

(四)完善金融服务

1. 使用住房公积金贷款购买装配式住宅,在资金计划发放时优先考虑。

2. 鼓励金融机构加大对装配式建筑产业的信贷支持力度,拓宽抵押质押的种类和范围,并在贷款额度、贷款期限及贷款利率等方面予以倾斜。

3. 推进将装配式部品部件评价标识信息纳入政府采购、招投标、融资授信等环节的采信系统。

(五)减轻企业负担

1. 对两年内未发生工资拖欠的装配式建筑项目的建设单位,可不收取农民工工资保证金。

2. 推广采用设计、采购、施工一体化的工程总承包模式,根据山东省住建厅《关于开展装配式建筑工程总承包招标投标试点工作的意见》(鲁建建管字〔2018〕5号)等文件要求,装配式建筑可按照技术复杂类工程项目进行招投标;对只有少数企业能够承建的项目,按规定可采用邀请招标;对需采用不可替代的专利或专有技术建造的,按照规定可不进行招标。

3. 装配式建筑项目预制部品采购合同金额可计入工程建设总投资。投入的开发建设资金达到总投资额的25%以上、施工进度达到正负零,并已确定施工进度和竣工交付日期的装配式住宅,可办理商品房预售许可证。

4. 旧村改造项目采用装配式建筑技术建造增加的成本可计入旧村改造成本。

(六)信用机制激励

装配式建筑项目、装配式高层工业楼宇项目、采用装配式建筑技术建设且装配率不低于30%的棚户区改造(旧村改造)安置房等项目在评优评奖时优先考虑,相关参建单位在青岛市建筑市场主体信用考核中按市统一规定给予加分奖励。

四、保障措施

（一）加强组织领导,健全工作机制。成立装配式建筑工作联席会议,定期召开调度会,制定出台推进装配式建筑发展的相关配套政策,明确发改、工信、规划、自然资源、财政、住建、税务、交通运输、公安等部门的职责,创新工作措施,密切协调配合,完善我区装配式建筑政策体系,形成推动装配式建筑发展的合力。

（二）创新人才培养模式,强化队伍建设。大力培养装配式建筑设计、生产、施工、管理等专业人才。引进国内建筑产业现代化优势企业,吸收推广先进技术和管理经验,带动相关建筑业企业发展。鼓励装配式建筑企业开展校企合作,创新人才培养模式。支持引导建筑业企业整合优化产业资源,向建筑产业现代化方向发展。建立培训基地,加强岗位技能提升培训,促进建筑业农民工向技术工人转型。大力发展建筑产业现代化咨询、监理、检测等中介服务机构,完善专业化分工协作机制。

（三）加强行业监管,确保落实到位。发改部门应在已明确采用装配式建筑技术建设的政府投资项目立项阶段,对可行性研究报告、初步设计及概算中涉及装配式建筑的有关要求进行审查。住建等部门应对装配式建筑的施工图设计审查、施工许可及验收等环节进行重点监督管理,确保装配式建筑相关措施落实到位。

（四）重视宣传引导,创造良好环境。加快建成一批装配式建筑示范项目,积极开展现场技术交流、观摩和推介,对推进装配式建筑工作成绩突出的优秀企业和个人给予表彰。通过各种媒体广泛宣传装配式建筑知识,提高装配式建筑的社会认知度,引导消费者购买现代化产业建筑,倡导低碳环保的消费模式和生活方式,为推进行业发展营造良好的社会氛围。

本意见自印发之日起实施,有效期三年。

附件:城阳区装配式建筑工作联席会议成员名单

即墨市人民政府办公室文件

即政办发〔2017〕39 号

即墨市人民政府办公室
关于加快推进绿色建筑和建筑产业化发展的实施意见

各镇人民政府,各街道办事处,经济开发区、田横岛省级旅游度假区、省级高新技术产业开发区管委,市政府各部门,市直各单位:

为认真贯彻落实《国务院办公厅关于大力发展装配式建筑的指导意见》(国办发〔2016〕71 号)《山东省绿色建筑与建筑节能发展"十三五"规划(2016—2020 年)》和《青岛市人民政府办公厅关于印发青岛市推进装配式建筑发展若干政策措施的通知》(青政办发〔2016〕29 号)等文件精神,加快推进绿色建筑和建筑产业化发展,建设资源节约型、环境友好型城市,结合我市实际,制定本实施意见。

一、发展目标

(一)绿色建筑发展方面。按照"四节一环保"的绿色发展理念,进一步提升建筑使用功能。自本意见印发之日起,在全面执行一星级绿色建筑标准的基础上,到 2020 年,我市新立项的政府投融资项目、安置房、保障性住房项目(以下简称新建政府投融资项目),以招拍挂、协议出让等方式新获得建设用地的民用建筑项目及办理工程规划许可证的所有存量土地的民用建筑项目(以下简称新建商品住房项目),二星级绿色建筑面积累计不少于 100 万平方米,三星级绿色建筑面积累计不少于 30 万平方米。

(二)建筑产业化发展方面。自本意见印发之日起,新建住宅项目装配式建筑占比逐年提高,到 2020 年,达到 40% 以上;新建高层、小高层、多层住宅全部实行土建、装修设计一体化施工。

二、工作要求

（一）大力发展绿色建筑。自 2017 年起，新建政府投融资项目和商品住房项目以及翻改建的民用建筑（个人危旧房改造除外），必须全面执行绿色建筑标准，至少达到一星级；建筑面积 2 万平方米以上的大型公共建筑项目，以及青岛蓝谷、创智新区、汽车产业新城、国际商贸城等重点区位的居住项目按照二星级绿色建筑标准设计和施工；商务综合体项目按照三星级绿色建筑标准设计和施工。市规划部门要在建设项目规划条件中明确绿色建筑等级要求；市国土部门根据规划条件将上述内容列入土地出让文件，作为土地招拍挂前置条件。

（二）积极推进装配式建筑发展。自 2017 年起，新建政府投融资项目全面实施装配式建造；新建商品住房项目装配式建筑占项目总面积比例逐年递增（2017 年 10%、2018 年 20%、2019 年 30%、2020 年 40%）；公共建筑和工业厂房有条件的须采用装配式建造技术建设。市规划部门要在建设项目规划条件中明确上述比例要求；市国土部门根据规划条件将上述内容列入土地出让文件，作为土地招拍挂前置条件。

（三）实现新建住宅土建、装修设计一体化施工。自 2017 年起，新建政府投融资项目和商品住房项目，高层建筑全部实行土建、装修设计一体化施工；多层、小高层项目土建、装修设计一体化施工面积占项目总面积比例逐年递增（2017 年 25%、2018 年 50%、2019 年 75%、2020 年 100%）。市规划部门要在建设项目（住宅工程）规划条件中明确上述比例要求；市国土部门根据规划条件将上述内容列入土地出让文件，作为土地招拍挂前置条件。

（四）推进可再生能源建筑规模化应用。积极推动太阳能、浅层地能、空气能、生物质能等可再生能源在建筑中的应用。新建十二层以下的居住建筑和实行集中供应热水的医院、学校、宾馆、游泳池、公共浴室等公共建筑，应当采用太阳能热水系统与建筑一体化技术设计，并按照相关规定和技术标准配置太阳能热水系统。政府投融资的民用建筑项目，以及属三级以上民用建筑中的商场、酒店、医院等公共建筑项目，应当利用至少一种可再生能源。对于必须使用可再生能源的建设项目，市规划部门应当在工程项目规划方案审查意见中标明使用可再生能源情况。

（五）加强建设全过程监督管理。在城镇新区建设、旧城改造等规划中，要结合土地出让，建立并严格落实绿色建筑及建筑产业化要求。市发改部门要加强项目立项审查，市规划部门要加强规划审查，市国土部门要加强土地划拨或出让监管。对应执行绿色建筑标准及建筑产业化建设要求的项目，市规划部门在设计方案审查时，按照规划条件的相关要求进行审查；市城建部门要在施工图审查中严格进行绿色建筑、装配式建筑、土建装修设计一体化施工、可再生能源利用等相关内容的审查，对未通过审查的项目不得颁发建设工程规划许可证、建设工程施工许可证,并加强对施工过程的监管,确保按图施工。

三、政 策 支 持

(一)强化用地保障。在建设用地安排上优先支持装配式建筑产业发展。在土地供应时,将发展二、三星级绿色建筑、装配式建筑以及土建、装修设计一体化施工等相关要求列入建设用地规划条件和项目建设条件意见书中,纳入土地出让条件并落实到土地出让合同中。

(二)加大财政支持。一是装配式建筑项目,预制部品采购合同金额可计入工程建设总投资。二是按照青岛市财政政策资金扶持制度要求,对单体建筑预制装配率较高、具有示范意义的产业化工程项目,按规定申请青岛财政补助。三是装配式建筑项目享受免缴建筑废弃物处置费,两年内未发生工资拖欠问题减半征收农民工工资保障金等待遇。四是商品住宅项目申请公积金贷款的,在资金计划发放时给予优先考虑。

(三)鼓励项目建设。一是对三星级绿色建筑和建筑产业化项目可参照重点工程报建流程,纳入行政审批绿色通道。二是装配式建筑外墙预制部分的建筑面积(不超过规划总建筑面积 3%)可不计入成交地块的容积率核算。三是推广采用设计、生产、施工一体化的工程总承包模式,装配式建筑可按照技术复杂类工程项目进行招投标,对只有少数企业能够承建的项目,按规定可采用邀请招标,对需采用不可替代的专利或专有技术建造的按照规定可不进行招标。四是对取得土地使用证和建设工程规划许可证的装配式建筑项目,投入的开发建设资金达到总投资额的 25% 以上,施工进度达到正负零,并已确定施工进度和竣工交付日期的,可办理商品房预售许可证。五是二、三星级绿色建筑项目及建筑产业化项目在评优评奖时给予优先考虑,相关参建单位在市场主体信用考核中给予优先加分奖励。六是对于符合新型墙体材料目录的部品部件建筑产业化生产企业,可按规定给予增值税即征即退优惠政策。

四、保 障 措 施

(一)加强组织领导,健全工作机制。成立即墨市加快推进绿色建筑和建筑产业化发展工作领导小组(成员名单见附件),负责统筹落实推进绿色建筑和建筑产业化的政策措施,研究解决相关问题。领导小组下设办公室,具体负责协调和指导全市绿色建筑和建筑产业化工作。各部门要创新工作措施,密切协调配合,形成推动绿色建筑和建筑产业化发展的合力。

(二)重视宣传引导,创造良好环境。加快建成一批绿色建筑和建筑产业化示范项目,积极开展现场技术交流,对推进绿色建筑和建筑产业化工作成绩突出的优秀企业和个人给予表彰。通过各种媒体广泛宣传，提高公众的认知度，引导消费者购买现代化产业建筑，倡导低碳环保的消费模式和生活方式，为推进行业发展营造良好社会氛围。

（三）加强行业指导，推广"四新"技术。成立由市有关行业主管部门以及专家共同组成的绿色建筑和建筑产业化专家委员会，负责绿色建筑和建筑产业化相关技术服务指导工作。以龙头企业为主体，引导相关高等院校、科研机构和企业组建绿色建筑和建筑产业化发展联盟，加快技术标准、施工工法和技术规程的研究编制，大力推广适用的"四新"技术。探索引进建筑产业化强企，打造我市建筑产业化基地，辐射带动本市及周边地区建筑产业化发展。

本意见自公布之日起施行，有效期至 2020 年 12 月 31 日。

附件：即墨市加快推进绿色建筑和建筑产业化发展工作领导小组成员名单

即墨市人民政府办公室

2017 年 5 月 31 日

胶州市人民政府文件

胶政发〔2018〕115 号

胶州市人民政府
关于加快推进装配式建筑发展的通知

各镇政府、街道办事处,市政府各部门,市直各单位:

为深入落实《国务院办公厅关于大力发展装配式建筑的指导意见》(国办发〔2016〕71 号)、《山东省人民政府办公厅关于贯彻国办发〔2016〕71 号文件大力发展装配式建筑的实施意见》(鲁政办发〔2017〕28 号)、《关于印发山东省省级建筑节能与绿色建筑发展专项资金管理办法的通知》(鲁财建〔2018〕21 号)和《青岛市推进装配式建筑发展若干政策措施》(青政办发〔2016〕29 号)等文件精神,促进建筑业转型升级、绿色发展,结合我市实际,经市政府研究同意,现就加快推进装配式建筑发展有关要求通知如下。

一、发展目标

装配式建筑是指用工厂生产的预制部品部件在施工现场装配而成的建筑,其认定标准为单体工程装配率不低于 50% ;装配率计算标准依据《装配式建筑评价标准》(GB/T 51129—2017)。自本通知实施之日起,我市城市规划区内新建公共租赁房、经济适用房、廉租房、片区改造和农村征迁安置房等保障性住房项目须全面实施装配式建造,我市新建工务工程和医院、学校、幼儿园等政府投资工程须使用装配式技术进行建设。同时,我市新建房地产开发项目装配式建筑占地上总建筑面积的比例不低于 30%,在新出让、划拨土地合同中须明确要求上述比例指标。上述建设项目在本通知实施后方取得工程规划手续的,均应严格执行本通知要求,按《装配式建筑评价标准》等标准、规范进行规划、设计、建设、施工和管理。

2019 年,我市新开工装配式建筑面积不少于 30 万平方米。到 2020 年,全市装配式建筑占新建建筑面积比例达到 40% 以上。逐步淘汰现浇楼梯、楼板,全面推行标准化预制楼梯、叠合楼板,建立健全适应装配式建筑发展的技术、标准和监管体系。以里岔镇绿色装配式建筑产业园为依托,形成一批以优势企业为核心、涵盖全产业链的装配式建筑产业集群。

二、重点任务

（一）编制发展规划。编制实施《胶州市装配式建筑发展规划（2019—2025 年）》,大力发展装配式混凝土建筑和钢结构建筑,推动建筑业转型升级、绿色发展。市建设局要尽快完成装配式建筑发展规划编制工作,合理确定总体发展目标和技术体系,明确产业布局及控制性指标。

（二）推行标准化设计。项目策划定位、设计任务委托等阶段,应加强标准化功能空间、通用部品等技术集成论证,明确装配式建筑设计要求,装配式建筑项目应采用建筑信息模型（BIM）等技术,实现设计、生产、施工等建设周期各阶段的数据共享、协同应用。设计单位要提高装配式建筑设计能力,加强专业协同,实行建筑结构、机电设备、部品部件、装配施工、装饰装修一体化设计,推广模数化、标准化设计方式,优先选用通用部品部件,落实省、青岛市装配式建筑方案设计、技术设计、施工图设计、构件加工图设计深度的规定,满足工厂化生产、装配式建造要求。

（三）实施工厂化生产。发展装配式通用部品部件,引导部品部件生产企业科学配置产能,促进专业化、标准化、规模化、信息化生产。打造集建筑产业化技术研发和建筑部品工业化生产、展示、集散、服务、交易等为一体的里岔镇绿色装配式建筑产业园。引导我市开发、设计、施工、部品及构配件生产等骨干企业与国家有关研究中心、重点实验室、高校等组建装配式建筑产业联盟,整合优化资源,搭建全市装配式建筑应用技术共享平台,促进内部信息交流和技术共享。

（四）实行装配化施工。鼓励施工企业加快应用装配式建筑施工技术,总结编制施工工法,研发施工安装成套技术、安全防护和质量检验技术,推广预制构件吊装、支撑、校正等施工设备机具,增强装配施工技能,提高技术工艺、组织管理水平,减少现场湿作业。创新施工组织方式,推行绿色施工,采用结构工程与分部分项工程协同施工新模式,提升施工效率,缩短工期,降低劳动力投入。

（五）推进一体化装修。实行装配式建筑装饰装修与主体结构、机电设备协同施工,促进整体卫浴、厨房、轻质隔墙、设备管线等标准化、集成化、模块化应用,推广菜单式全装修。自 2019 年起,新建高层住宅（在本通知实施前已与被搬迁人签订搬迁协议的片区改造和农村征迁安置房项目除外）实行全装修,即装修与土建和安装必须一体化设计、施工;2020 年新建高层、小高层和多层建筑淘汰毛坯房,全部实行全装修。

(六)推广工程总承包。装配式建筑项目原则上采用设计、施工、采购一体化(EPC)总承包模式进行招标。落实山东省住建厅《关于开展装配式建筑工程总承包招标投标试点工作的意见》等文件要求,将项目设计、施工、采购全部委托给工程总承包商负责组织实施,培育发展具有工程管理、开发、设计、施工、生产、采购能力的工程总承包企业。积极推行工程项目管理或代建模式,健全与装配式建筑总承包相适应的发包承包、分包管理、工程造价、质量安全监管、竣工验收等制度,鼓励具有实力的大型企业集团或联合体参与装配式建筑项目建设。

(七)发展绿色建材。装配式建筑应积极采用绿色建材,推广使用节能环保新型建筑材料和高性能节能门窗,实施太阳能建筑一体化,鼓励建筑结构、装饰与保温隔热材料一体化。加强可循环利用绿色建筑材料的研发应用。引导企业参与绿色建筑材料评价,禁止使用不符合节能环保要求、质量性能差的建筑材料,保证安全、绿色、环保。

(八)推广绿色建筑。自本通知实施之日起,我市新建工务工程和医院、学校、幼儿园等政府投资工程以及房地产项目应全面执行绿色建筑标准,至少达到绿色建筑一星级标准;全市建筑面积 5 千平方米以上公共建筑项目,以及中国—上合组织地方经贸合作示范区核心区、青岛胶东临空经济示范区、胶州经济技术开发区、大沽河省级生态旅游度假区、胶州湾国际物流园、东部中央商务区、西部商贸区等重点区域大型居住项目(10 万平方米以上)按照绿色建筑二星级标准设计和施工;上述重点区位的商业综合体项目按照绿色建筑三星级标准设计和施工。按绿色建筑二星级以上标准设计和施工的项目,应优先使用装配式技术。市规划局要在建设项目规划条件中明确绿色建筑等级要求,市国土局要将绿色建筑等级要求列入土地出让合同,作为土地招拍挂前置条件。

(九)强化审批落实。在城镇新区建设、旧城改造等建设规划中,要结合土地出让,严格落实我市推进装配式建筑的发展目标和有关要求,强化各个前置审批环节的监管。市国土资源局要加强土地划拨或出让环节的监管;市发展改革局要加强项目立项审查,在政府投资项目立项阶段,对采用装配式建筑技术所产生的成本增量应列入投资概算,无法确定或无标准的事项,可以参考其他地区的标准及做法或组织专家评审的办法先行确定;市规划局要加强规划审查,落实上述发展目标,在规划设计条件中须明确建设项目每一期(标段)的装配式建筑比例要求;对应使用装配式技术或执行绿色建筑标准的项目,市规划局要按照规划设计条件的有关要求进行规划设计方案审查。对已取得土地使用权,但未通过规划设计方案审查的,须根据装配式建筑比例要求,及时调整规划设计方案并重新审查。市建设局要制定装配式建筑施工图文件审查要点,在施工图审查时对装配式建筑比例、单体工程装配率、是否全装修、绿色建筑等有关内容进行严格审查,对未落实上述要求的项目一律不得通过施工图审查。对已办理土地、规划手续,但未通过施工图审查的,应根据装配式建筑比例要求和有关标准,及时修改施工图设计文件并重新审查。对上述部门确定的装配式建筑有关指标要求,开发建设单位严禁擅自更改。

（十）确保质量安全。落实工程建设全过程监管责任,严格执行装配式建筑相关标准和管理规定,实施环环相扣的闭合管理。创新完善与装配式建筑相适应的工程建设全过程监管机制,建立健全部品部件生产、检验检测、装配施工及验收全过程质量保证体系。落实装配式建筑各方质量安全主体责任,生产单位要建立部品部件检验机制,对工程项目首批构件推行建设、监理驻厂监造制度;设计单位要严格设计审核校验,实行全过程服务;施工单位要加强部品部件进场、施工安装、灌浆连接、密封防水等关键部位工序质量安全控制和检验检测,提高部品部件装配施工连接质量和建筑安全性能;监理单位要提升装配式建筑监理能力,严格履行监理职责。制定装配式建筑质量安全监督要点,加强施工过程监管,确保按图施工,严肃查处违法违规行为。建设单位组织竣工验收前,市建设局要对房地产项目装配式建筑比例、单体工程装配率和全装修等进行核实认定。建立全过程质量责任追溯制度,在建筑部品部件生产、建筑施工等环节全面推行物联网等信息技术。

（十一）积极开展试点示范。采取试点示范方式推动装配式住宅小区建设。自 2019 年起,每年在政府投资、主导的公共建筑、征迁安置、保障性住房、交通市政基础设施等建设项目中,筛选不少于 2 个项目作为装配式建筑试点示范项目。在农村危房改造工程、美丽乡村建设中,有序推进装配式农房建设。鼓励钢结构、装配式混凝土及其部品配套企业创建装配式建筑现代化示范基地。市政桥梁、轨道交通、交通枢纽、公交站台等市政基础设施建设项目,应在方案设计比选中优先采用。积极推进装配式建筑在海绵城市、地下综合管廊等领域的应用。鼓励采用装配式方案对现有公共建筑进行加固。

三、支持政策

（一）强化用地保障。自 2019 年起,市国土、规划、发改等部门应根据本通知规定的装配式建筑发展目标,对有关建设项目用地手续加强审查。在土地供应时,市规划局应在建设项目规划设计条件中明确本通知中发展目标规定的装配式建筑所占比例等要求;市国土资源局应将发展目标纳入供地方案,并在土地招拍挂出让公告和土地使用合同中明确上述要求,作为土地招拍挂前置条件;市发展改革局应在政府投资项目立项阶段,对项目计划、可行性研究报告等是否落实上述要求进行审查。对确定为生产装配式建筑的项目,优先安排年度用地指标。

（二）加大财税激励。一是装配式建筑项目的预制部品采购合同金额可计入工程建设总投资。二是符合新型墙体材料目录的部品部件生产企业,可按规定享受增值税即征即退优惠政策。三是研究落实《关于印发山东省省级建筑节能与绿色建筑发展专项资金管理办法的通知》（鲁财建〔2018〕21号）等文件要求，依托里岔镇绿色装配式建筑产业园等有关装配式建筑产业项目，积极申报装配式建筑示范城市（县、区）、装配式建筑产业基地、装配式建筑施工教育实训基地、装配式建筑示范工程等。对我市单体建筑装配率较高的装配式项目，根据青岛市财政对装配式建筑的资金扶持制度要求，申请青岛市财政奖励。四是符合国家产业政策，年生产性设备投入达到一定额度的装配式建筑生产企业的重点技改项目，享受贷款贴息等税费优惠政策以及市加快新旧动能转换的相关政策。

（三）完善金融服务。一是使用银行按揭贷款购买全装修商品住宅的，房价款计取基数包含装修费用。二是使用住房公积金贷款购买装配式住宅，在资金计划发放时优先考虑。三是鼓励金融机构加大对装配式建筑产业的信贷支持力度，拓宽抵押质押的种类和范围，并在贷款额度、贷款期限及贷款利率等方面予以倾斜。四是推进装配式部品部件评价标识信息纳入政府采购、招投标、融资授信等环节的采信系统。

（四）加强科技支持。将装配式建筑发展列为市科技创新体系重要内容，发挥市级科技发展计划、重大专项及科技创新平台对装配式建筑技术产品研发的引导作用。鼓励符合条件的装配式建筑企业申报高新技术企业，全面落实企业研发费用加计扣除、高新技术企业税收优惠等政策。列为装配式建筑产业基地的企业研发投入符合条件的，按规定给予财政补助。

（五）减轻企业负担。一是推广采用设计、施工、生产一体化的工程总承包模式，根据山东省住建厅《关于开展装配式建筑工程总承包招标投标试点工作的意见》（鲁建建管字〔2018〕5号）等文件要求，装配式建筑可按照技术复杂类工程项目进行招投标；对只有少数企业能够承建的项目，按规定可采用邀请招标；对需采用不可替代的专利或专有技术建造的，按照规定可不进行招标。二是采用工程总承包模式且两年内未发生工资拖欠的装配式建筑项目，建设单位或工程总承包企业可减半征收农民工工资保证金。三是对已交付全部土地出让金，取得土地使用证、建设工程规划许可证和施工许可证的装配式建筑项目，投入的开发建设资金达到总投资额的25%以上、施工进度达到正负零，并已确定施工进度和竣工交付日期的装配式住宅，可办理商品房预售许可证。四是装配式建筑项目在评优评奖时优先考虑，相关参建单位在市场主体信用考核中给予加分奖励。

四、保障措施

（一）加强组织领导。成立市政府牵头的推进装配式建筑发展工作领导小组，由市政府分管领导任组长，市财政局、建设局、国土局、规划局等有关部门为成员的领导小组，实行联席会议制度，统筹指导推进装配式建筑发展工作，及时调度工作推进情况，研究解决遇到的困难和问题。各有关部门要建立相应工作机制，细化具体措施，加强协调配合，加快推进装配式建筑发展，确保装配式建筑推广任务顺利完成。

（二）加强队伍建设。培养装配式建筑设计、部品生产、施工、管理等相关专业人才，在建设行业专业技术人员继续教育中增加装配式建筑相关内容。鼓励相关高新技术企业与高等院校、职业院校合作，联合开发、设置装配式建筑相关课程。

（三）加强宣传引导。通过报刊、电视、电台、网络等各种媒体，大力宣传装配式建筑发展的有关知识、支持政策以及经济社会效益，提高社会认同度，营造各方共同关注、支持装配式建筑发展的良好氛围。

本通知自 2018 年 12 月 1 日起实行，有效期至 2021 年 12 月 31 日。

附件：胶州市推进装配式建筑发展工作领导小组

胶州市人民政府
2018 年 10 月 8 日

莱西市人民政府办公室文件

西政办发〔2020〕55号

莱西市人民政府办公室
关于加快推进绿色建筑、装配式建筑和被动式超低能耗建筑产业发展的实施意见

各镇政府、街道办事处,经济开发区管委会,市政府各部门,各直属企事业单位,双管单位:

为加快推进建筑业新旧动能转换,促进我市绿色建筑、装配式建筑、被动式超低能耗建筑等产业健康发展,实现节能减排约束性目标,根据国务院办公厅《关于大力发展装配式建筑的指导意见》(国办发〔2016〕71号)、《山东省绿色建筑促进办法》(省政府令第323号)、省政府办公厅《关于贯彻国办发〔2016〕71号文件大力发展装配式建筑的实施意见》(鲁政办发〔2017〕28号)、青岛市政府办公厅《关于印发青岛市推进装配式建筑发展若干政策措施的通知》(青政办发〔2016〕29号)、《青岛市推进超低能耗建筑发展的实施意见》(青建办字〔2018〕117号)、《青岛市建筑节能发展专项资金管理办法》(青建办字〔2017〕86号)等文件有关规定,结合我市实际,制定本实施意见。

一、重要意义

以习近平新时代中国特色社会主义思想为指导,大力开展绿色建筑行动,以绿色、循环、低碳理念指导城乡建设,积极推进建筑业新旧动能转换,有利于提高资源能源使用效率,缓解资源能源供需紧张矛盾;有利于降低社会总能耗,减少污染物排放,确保完成节能减排任务;有利于促进建筑产业优化升级,培育节能环保、新能源等战略性新兴产业;有利于提高建筑舒适性、健康性,改善群众生产生活条件。

全市要把开展绿色建筑行动和促进装配式建筑、被动式超低能耗建筑产业转型升级,作为大力推进生态文明建设的重要内容,推动城乡建设走上绿色、循环、低碳的科学发展轨道,实现经济社会全面、协调、可持续发展。

二、主要目标

(一)绿色建筑发展方面。全面执行绿色建筑标准,逐年提高绿色建筑比重。自本意见施行之日起,在全面执行一星级绿色建筑标准的基础上,我市新立项的政府机关办公建筑,由政府投资或以政府投资为主的公益性建筑(主要包括学校、幼儿园、医院、图书馆、博物馆、科技馆、体育馆、社区服务中心、社会福利设施等),由政府投资集中兴建的、规模在20000平方米以上的安置房、保障性住房项目,单体建筑面积5000平方米以上的公共建筑(主要包括车站、宾馆、饭店、商场、写字楼等),全面按照二星级及以上绿色建筑标准设计和施工;以招拍挂、协议出让等方式新获得建设用地的,以及在所有存量土地上新办理工程规划许可证的民用建筑项目,鼓励推广按照二星级以上绿色建筑标准进行设计和施工,不断提高二星级以上绿色建筑比重;商务综合体项目应按照三星级绿色建筑标准设计和施工。

(二)装配式建筑、被动式超低能耗建筑产业发展方面。一是大力发展装配式建筑、被动式超低能耗建筑新产业。依托夏格庄青岛市装配式超低能耗及绿色建筑产品生产示范产业基地,积极引进装配式建筑、被动式超低能耗建筑龙头企业,培育一批集专业化工程咨询设计、工程总承包、建筑及部品认证和相关建材生产于一体的全产业链式生产企业。促进建筑节能环保新技术、新产品的产业化,支持企业开拓省外、海外市场。组建产业联盟,提高产业聚集度,建成全国领先的绿色建筑产业示范基地。二是实施工厂化生产。大力发展装配式通用部品部件,引导部品部件生产企业科学配置产能,完善产品品种和规格,促进专业化、标准化、规模化、信息化生产。研发推广专用运输车辆,优化物流管理,合理组织配送。三是推进一体化装修。实行装配式建筑装饰装修与主体结构、机电设备协同施工,促进整体卫浴、厨房、轻质隔墙、设备管线等标准化、集成化、模块化应用,推广菜单式全装修。四是发展绿色建材。装配式建筑、被动式超低能耗建筑应积极采用绿色建材,推广使用节能环保新型建筑材料和高性能节能门窗,实施绿色建筑与太阳能建筑一体化,鼓励建筑结构、装饰与保温隔热材料一体化。加强可循环利用绿色建筑材料的研发应用。

自本意见施行之日起,我市城市规划区内新建公共租赁住房、人才公寓、旧城改造和农村征迁安置房等保障性住房项目应使用装配式建筑建设;我市新立项的政府机关办公建筑、由政府投资或以政府投资为主的公益性建筑(主要包括学校、幼儿园、医院、图书馆、博物馆、科技馆、体育馆、社区服务中心、社会福利设施等)、新建政府投融资项目应使用装配式建筑建设,推广使用被动式超低能耗建筑建设。新开发的房地产民用建筑项目,装配式建筑占项目地上总面积比例在2020年达到15%以上,2021年达到30%以上,

2022年达到40%以上,鼓励使用被动式超低能耗建筑建设。

对新的以招拍挂和划拨方式供地的住宅、保障性住房项目,在建设项目规划设计条件通知书和立项文件中要明确该地块中装配式建筑比例指标,单体预制装配率不低于50%,并在签订的土地出让合同或划拨协议中予以载明;以招拍挂和划拨方式供地的医院、宾馆、办公建筑(单体建筑面积20000平方米以上)、学校建筑(单体建筑面积5000平方米以上)、标准厂房(单体建筑面积10000平方米以上)应采用预制装配式施工技术,在建设项目规划设计条件通知书和立项文件中明确单体预制装配率不低于50%(特殊建筑或异型建筑装配率指标根据专家论证意见可适当放宽);市政基础设施项目(工程造价3000万元以上)符合装配式施工技术条件的,应采用装配式建设施工。上述建设项目在本意见施行后方取得工程用地规划许可的,均应执行本实施意见要求,按照《装配式建筑评价标准》(DB37/T 5127—2018)等标准,规范进行规划、设计、建设、施工和管理。

三、政策支持

(一)对绿色建筑、装配式建筑、被动式超低能耗建筑项目进行政策扶持。执行绿色建筑标准并获得二星级以上评价标识的项目、装配式建筑项目、被动式超低能耗建筑项目,按国家、省和青岛市的有关规定,享受相应优惠奖励政策。

1. 绿色建筑。一是对三星级绿色建筑项目可参照重点工程报建流程,纳入行政审批绿色通道。二是对执行绿色建筑二星级以上标准并获得评价标识的项目(工业厂房及政府投资项目除外),在青岛市级奖励二星级绿色建筑每平方米30元(单个项目100万元封顶)的基础上,莱西市再给予二星级绿色建筑每平方米10元,单个项目30万元封顶奖励;在青岛市级奖励三星级绿色建筑每平方米50元(单个项目200万元封顶)的基础上,莱西市再给予三星级绿色建筑每平方米30元,单个项目100万元封顶奖励。

2. 装配式建筑。一是项目可参照重点工程报建流程,纳入行政审批绿色通道。二是对单体装配率达到50%以上(含50%)的装配式建筑示范项目(工业厂房及政府投资项目除外),在青岛市财政给予每平方米100元奖励(单个项目500万元封顶)的基础上,莱西市财政再给予每平方米50元,单个项目100万元封顶奖励。三是对两年内未发生工资拖欠问题的装配式建筑项目建设单位,可减半征收农民工工资保证金。四是购买采用装配式建筑技术建设的商品住宅,申请公积金贷款的,在资金计划发放时给予优先考虑。五是装配式建筑单体装配率达到50%以上的项目,免缴建筑废弃物处置费。六是符合新型墙体材料目录的部品部件建筑产业化生产企业,可按规定享受增值税即征即退优惠政策。七是装配式建筑项目,预制部品(预制部品是指工厂化预制生产的柱、梁、墙、板、屋盖、整体卫生间、整体厨房等建筑构配件、部件)采购合同金额可计入工程建设总投资。八是单体预制装配率不低于50%,投入的开发建设资金达到总投资额的25%以上、施工进度达到正负零以上,并已确定施工进度和竣工交付日期的装配式住宅,可办理商品房预售许可证。对装配式建筑占项目地上总面积比例达到要求的预售商品房项目,其项目资本保证金和预售监管资金比例可适当降低。九是装配式建筑项目在评优评奖时优先考虑,相关参建单位在市场主体信用考核中给予加分奖励。十是装配式建筑外墙预制部分的建筑面积(不超过规划总建筑面积的 3%)可不计入成交地块的容积率核算。十一是旧城改造项目采用装配式建筑技术建造增加的成本可计入旧城改造成本。

3. 被动式超低能耗建筑。一是项目可参照重点工程报建流程,纳入行政审批绿色通道。二是优先保障被动式超低能耗建筑项目用地。三是被动式超低能耗建筑在计算、统计建筑面积时,因节能技术要求,保温层厚度超出现行节能设计标准规定值以外的部分,不计入容积率核算。四是支持金融机构对购买被动式建筑的消费者,在购房贷款利率等方面给予适当优惠。使用住房公积金贷款的,优先安排公积金贷款额度。五是获得青岛市超低能耗建筑示范项目,在青岛市财政给予每平方米 200 元奖励(单个项目 300 万元封顶)的基础上,莱西市财政再给予每平方米 100 元的奖励,单个项目 200 万元封顶。政府投资项目的超低能耗建设成本,可按程序计入项目总投资。鼓励既有建筑改造为被动式超低能耗建筑,并参照新建建筑给予财政补贴。六是被动式超低能耗建筑在评优评奖时优先考虑,相关参建单位在市场主体信用考核中给予加分奖励。七是利用新旧动能转换基金优先支持被动式超低能耗建筑配套产业链企业。

(二)强化用地保障。在建设用地安排上,要优先保障二星级以上绿色建筑项目、装配式建筑项目、被动式超低能耗建筑项目用地,优先安排年度用地指标。支持发展装配式建筑产业,支持按绿色建筑标准要求设计施工,支持实行装配式建筑和施工装修一体化的工程项目。在土地供应时,应将绿色建筑等级,装配式建筑占新建建筑面积的比例、单体装配率及被动式超低能耗建筑的相关指标要求等,列入建设项目规划设计条件通知书和土地出让须知中,纳入供地方案,作为土地招拍挂前置条件,并落实到土地使用合同中。

(三)推广工程总承包模式。装配式建筑项目原则上采用工程总承包模式,把项目设计、采购、施工全部委托给工程总承包商负责组织实施,培育发展一批具有工程管理、开发、设计、施工、生产、采购能力的工程总承包企业。健全与装配式建筑总承包相适应的发包承包、施工许可、分包管理、工程造价、质量安全监管、竣工验收等相关制度。完善招投标制度,装配式建筑、被动式超低能耗建筑可按照技术复杂类工程项目进行招投标。对只有少数企业能够承建的项目,按规定可采用邀请招标;对需采用不可替代的专利或专有技术建造的,按照规定可不进行招标。

(四)对建筑产业化生产企业进行扶持。建筑产业化生产企业按国家、省和青岛市的有关规定,享受相应优惠奖励政策。获得国家级装配式建筑产业基地的企业,在青岛市给予 500 万元奖励的基础上,莱西市再给予 300 万元奖励;获得山东省装配式建筑产业基地和青岛市装配式建筑产业基地的企业,在青岛市给予100万元奖励的基础上,莱西市再给予50万元奖励。鼓励建筑产业化企业对资源进行综合利用、节能减排,生产原材料及生产过程中的资源综合利用,符合《资源综合利用产品和劳务增值税优惠目录》中规定条件的,按照财政部、国家税务总局《关于印发〈资源综合利用产品和劳务增值税优惠目录〉的通知》(财税〔2015〕78号)享受税费优惠政策。对进入我市的建筑产业化生产企业,其项目用地根据城市规划,按高新技术项目确定;在使用年度建设用地时,可给予政策支持。给予企业信用评价适当加分。为集聚并培育壮大绿色建筑产业,在夏格庄镇装配式超低能耗及绿色建筑产品生产示范产业基地和其他镇、街道、经济开发区落户投产的建筑产业化相关企业,在享受《关于印发〈加快新旧动能转换推进先进制造业招商引资工作意见〉》(西招商委办字〔2017〕6号)、《莱西市支持"双招双引"和实体经济高质量发展若干政策》(西办发〔2019〕15号)政策基础上,再给予相关奖励支持。

(五)市政府鼓励和支持绿色建筑、装配式建筑、被动式超低能耗建筑技术的研究、开发、示范、推广和宣传,促进相关技术进步与创新。对在工作中做出显著成绩的单位和个人,由市政府按照有关规定给予表彰。

四、工作分工

(一)市发展改革局要在政府投资项目立项阶段,对可行性研究报告、初步设计及概算,按本意见要求对涉及二星级以上绿色建筑、装配式建筑、被动式超低能耗建筑的相关内容进行审查。

(二)市财政局要妥当安排二星级以上绿色建筑、装配式建筑、被动式超低能耗建筑奖励资金,重点用于下列工作:①二星级以上绿色建筑、装配式建筑、被动式超低能耗建筑技术、产品的研究开发与推广;②二星级以上绿色建筑、装配式建筑、被动式超低能耗建筑、既有建筑能效提升、绿色生态城区(镇)等示范;③装配式建筑和被动式超低能耗建筑项目、产业基地及区域示范;④二星级以上绿色建筑与装配式建筑、被动式超低能耗建筑宣传、公共信息服务。

(三)市自然资源局在审查建筑设计方案时,对不符合本意见规划、建设条件的,不予核发建设工程规划许可证;在项目规划设计条件通知书和土地出让须知中,明确绿色建筑等级标准要求及装配式建筑比例、单体装配率标准要求。根据规划设计条件,将绿色建筑等级标准要求和装配式建筑相关标准要求列入土地划拨或出让文件,作为土地招拍挂前置条件,并落实到土地使用合同中。

(四)市住房城乡建设局要加强对建设、设计、施工、监理等单位在执行规划、设计要求方面的监督检查,严格落实建筑节能强制性标准,突出抓好工程现场和施工环节监管,严格落实建筑节能专项验收制度,确保工程质量安全和节能标准执行率。对不符合有关法律法规、强制性标准及本意见要求的项目,不予通过施工图审查,不予通过竣工验收。

（五）市行政审批局对不符合本意见要求的项目,不予办理商品房预售许可证。

（六）国家税务总局莱西市税务局对于符合新型墙体材料目录的部品部件建筑产业化生产企业、符合资源综合利用产品和劳务增值税优惠目录的装配式建筑生产企业,应按规定给予增值税即征即退等相关优惠政策。

（七）各镇政府、街道办事处、经济开发区管委会(以下简称各镇政府)要在旧城改造和农村征迁安置房等保障性住房项目、社区建设项目中,严格落实本意见要求。

五、保障措施

（一）加强组织领导。我市成立莱西市加快推进绿色建筑、装配式建筑和被动式超低能耗建筑产业发展工作领导小组,由市住房城乡建设局牵头组织实施绿色建筑、装配式建筑、被动式超低能耗建筑的建筑产业化工作,要按照国家、省和青岛市及我市相关政策和要求,进一步完善配套措施。市发展改革局、市财政局、市自然资源局、市行政审批局、国家税务总局莱西市税务局等部门及各镇政府要结合各自职责,分工协作,积极配合,确保各项工作顺利开展。

（二）强化监督管理。各相关部门要充分发挥职能作用,从规划立项到设计审查、从手续办理到施工过程、从材料把关到工程验收的各个环节,加强监督。对违反有关法律法规,以及省、青岛市和我市相关文件规定的行为,及时提出处理意见,确保相关工作任务目标顺利完成。

（三）严格督查考核。将绿色建筑、装配式建筑、被动式超低能耗建筑的建筑产业化工作纳入对相关部门、各镇政府的年度考核目标内容,加大日常督查力度,及时通报督查情况,确保工作顺利推进。

本意见自发布之日起施行,有效期三年。

附件:莱西市加快推进绿色建筑、装配式建筑和被动式超低能耗建筑产业发展工作领导小组成员名单

莱西市人民政府办公室

2020 年 9 月 10 日

平度市人民政府办公室文件

平政办发〔2021〕5 号

平度市人民政府办公室
关于推进我市绿色建筑、被动式超低能耗建筑和装配式建筑产业化发展的实施意见

各镇人民政府、街道办事处,各园区管委,市政府各部门,市直各单位:

为落实国家、省、青岛市有关发展绿色建筑、被动式超低能耗建筑和装配式建筑的政策文件精神,推进我市绿色建筑、被动式超低能耗建筑和装配式建筑的发展,实现节能减排、推进绿色安全施工、提高建筑工程质量,改善我市人居环境、促进产业结构调整,依据国务院办公厅《关于大力发展装配式建筑的指导意见》(国办发〔2016〕71 号)、《山东省绿色建筑促进办法》(省政府令第 323 号)、山东省人民政府办公厅《关于贯彻国办发〔2016〕71 号文件大力发展装配式建筑的实施意见》(鲁政办发〔2017〕28 号)及青岛市城乡建设委员会等六部门联合制定的《青岛市推进超低能耗建筑发展的实施意见》(青建办字〔2018〕117 号)等规定,结合我市实际,提出如下意见。

一、指导思想

全面贯彻党的十九大和习近平总书记系列重要讲话精神,坚持以习近平新时代中国特色社会主义思想为指导,认真落实中央城市工作会议总体部署,牢固树立和贯彻落实新发展理念,按照适用、经济、安全、绿色、美观的要求,推动建造方式创新,提高资源能源使用效率,大力发展绿色建筑、被动式超低能耗建筑和装配式建筑,促进建筑产业优化升级,培育节能环保、新能源等战略性新兴产业,提高建筑舒适性、健康性,改善群众生产生活条件,建设资源节约型、环境友好型城市。

二、发展目标

（一）绿色建筑、被动式超低能耗建筑发展方面

1. 我市城市规划区范围内的新建民用建筑一律执行《山东省绿色建筑设计规范》（DB 37/5043—2015），并至少达到《绿色建筑评价标准》（GB/T 50378—2019）基本级要求，按照绿色建筑一星级及以上标准进行规划建设的面积比例不少于45%；我市政府机关办公建筑、由政府投资或以政府投资为主的公益性建筑（主要包括学校、幼儿园、医院、图书馆、博物馆、科技馆、体育馆、社区服务中心、社会福利设施等）、保障性住房项目、单体建筑面积2万平方米以上的公共建筑、建筑面积5万平方米以上的居住小区，均须按照二星级及以上绿色建筑标准设计和施工；鼓励全市房地产开发项目以及旧城改造项目按二星级及以上绿色建筑标准设计施工；商务综合体项目须按照三星级绿色建筑标准设计和施工。

2. 积极推动太阳能、浅层地能、空气能、生物质能等可再生能源在建筑中的应用。新建十二层以下的居住建筑和实行集中供应热水的医院、学校、宾馆、游泳池、公共浴室等公共建筑，应当采用太阳能热水系统与建筑一体化技术设计，并按照相关规定和技术标准配置太阳能热水系统。政府投资或政府投资为主的民用建筑项目以及大型公共建筑项目，应当利用至少一种可再生能源。

3. 鼓励支持发展被动式超低能耗建筑，严格执行山东省、青岛市有关规定，在新建建筑中大力推广被动式超低能耗建筑。积极培育专业化工程咨询设计、工程总承包、建筑及部品认证和相关建材生产企业，大力推广适应被动式超低能耗建筑的绿色建材产品，促进建筑节能环保新技术、新产品的产业化。加快配套产业链建设，逐步以点带面协同推进。

4. 积极推广使用绿色建材。被动式超低能耗建筑、绿色建筑应积极采用绿色建材，大力推广使用节能环保新型建筑材料和高性能节能门窗，继续推广实施太阳能建筑一体化，鼓励建筑结构、装饰与保温隔热材料一体化。绿色建材在新建建筑中的应用比例应按国家、省、青岛市有关规定执行。

（二）装配式建筑产业发展方面

1. 自本意见印发之日起，我市由政府投资或以政府投资为主的机关办公、学校、医院、人才公寓、车站、图书馆、博物馆、科技馆、保障性住房等以及位于我市南部新区、同和高新技术产业园、新河化工园、南村胶东国际机场临空经济区等具备条件的新建建筑工程项目（以土地出让文件中规划设计条件或建设条件为准）应按装配式技术进行规划、设计、建设和管理，单体建筑预制装配率达到50%以上。鼓励旧村改造项目采用装配式技术建造。

2. 自2021年起，全市装配式建筑占新建建筑比例达到40%。

3. 到 2025 年,全市装配式建筑占新建建筑比例达到 50% 以上。

4. 依托我市资源优势和地理位置优势,着重培育两到三家建筑产业化生产基地。

5. 鼓励建设单位采用菜单式和集体委托方式提供全装修成品房,实行装配式建筑装饰装修与主体结构、机电设备协同施工,促进整体卫浴、厨房、轻质隔墙、设备管线等标准化、集成化、模块化应用。

6. 积极推广工程总承包模式。装配式建筑项目原则上采用工程总承包模式,把项目设计、采购、施工全部委托给工程总承包商负责组织实施,培育发展一批具有工程管理、开发、设计、施工、生产、采购能力的工程总承包企业。完善招投标制度,装配式建筑可按照技术复杂类工程项目进行招投标。对只有少数企业能够承建的项目,按规定可采用邀请招标;对需采用不可替代的专利或专有技术建造的,按照规定可不进行招标。

7. 加强质量安全监督管理,完善装配式建筑工程项目设计、施工图审查、建设监理、质量安全监督、竣工验收等管理制度,建立全过程质量追溯制度,严格执行装配式建筑相关标准和管理规定,实行闭合监管。建立部品部件生产、运输存放、检验检测、装配施工及验收的全过程质量保证体系。加大抽查抽测力度,严肃查处质量安全违法违规行为。

8. 推动农村装配式住宅建设,拓展现代建筑产业化技术应用范围。结合我市美丽乡村建设、新型城镇化建设和特色小镇建设,选择在经济条件较好、交通便利、有一定规模的村镇开展试点,建设适合农村住房特点的装配式住宅,逐步提高农村住宅品质和建筑节能水平。在我市城市道路、地下管廊、过街天桥、检查井、市政管道以及地铁等项目中鼓励采用建筑产业化技术。

三、政策措施

（一）绿色建筑、被动式超低能耗建筑

1. 对三星级绿色建筑、被动式超低能耗建筑项目可参照重点工程报建流程办理审批手续。

2. 对取得二星级及以上评价标识的绿色建筑项目以及被动式超低能耗建筑项目在评优评奖时优先考虑,相关参建单位在市场主体信用考核中给予加分奖励。

3. 对符合有关奖励政策的绿色建筑项目、被动式超低能耗建筑项目和可再生能源建筑应用项目,按照国家、省、青岛市有关规定,享受相应优惠奖励政策。

（二）装配式建筑

1. 采用装配式外墙技术产品的建筑,其预制外墙建筑面积不超过规划总建筑面积 3% 的部分,不计入建筑容积率。

2. 对进入我市的建筑产业化生产企业，其项目用地根据城市规划，按高新技术项目确定，在使用年度建设用地指标时，经市政府同意后可给予政策支持。

3. 免缴建筑废弃物处置费。

4. 在评优评奖时优先考虑，相关参建单位在市场主体信用考核中给予加分奖励。

5. 预制部品采购合同金额可计入工程建设总投资。预制部品是指工厂化预制生产的柱、梁、墙、板、屋盖、整体卫生间、整体厨房等建筑构配件、部件。对确定施工进度和竣工交付日期的装配式建筑，投入的开发建设资金达到总投资额的 25% 以上、施工进度达到正负零，即可办理商品房预售许可证。

6. 使用按揭贷款购买全装修装配式住宅的，房价款计取基数包含装修费用。使用住房公积金贷款购买装配式住宅，在资金计划发放时优先支持。

7. 对企业销售自产的列入《享受增值税即征即退政策的新型墙体材料目录》的新型墙体材料，并同时符合《财政部国家税务总局关于新型墙体材料增值税政策的通知》（财税〔2015〕73 号）规定条件的，享受增值税即征即退税收优惠政策。

8. 符合国家产业政策且年生产设备投入达到一定额度的装配式建筑生产企业的重点技改项目，享受贷款贴息等优惠政策以及加快新旧动能转换的相关政策。

9. 对两年内未发生工资拖欠的装配式建筑项目建设单位，可减半征收农民工工资保证金。

10. 其他政策措施，可参照上级政府部门的意见执行。

四、强化监管

在项目实施过程中，对建设、施工、监理等参建各方没有发现问题或发现问题没及时责令整改的，要追究相关责任单位和人员法律责任；对未满足《规划设计条件》《建设条件意见书》，或主动申请且享受有关扶持政策但未落实的，开发单位要补缴和退还财政奖励资金，并承担相应责任。

五、组织保障

1. 建立联动机制。由市政府分管领导作为召集人，成员单位包括市城乡建设局、市发展改革局、市自然资源局、市城乡规划中心、市行政审批局、市财政局、市市场监管局、国家税务总局平度市税务局、市工业和信息化局、市公安局、市综合执法局、市交通运输局、市融媒体中心等部门,联席会议办公室设在市城乡建设局,具体负责协调和指导全市绿色建筑、被动式超低能耗建筑和装配式建筑推进工作。

2. 市发展改革局在国有土地划拨项目立项时,要对项目实施绿色建筑、被动式超低能耗建筑和装配式建筑提出意见,负责落实政府投资项目立项、可研、初步设计概算审批工作。

3. 市自然资源局在土地招拍挂前,对新进入出让供地程序的项目,应征询城建部门的意见,按照建设条件要求,将实施绿色建筑星级标准、被动式超低能耗建筑及装配式建筑有关要求列入土地招拍挂出让文件,并在土地出让合同中明确约定;负责被动式超低能耗建筑的用地工作,在建设用地安排上要优先保障。

4. 市城乡规划中心负责绿色建筑、被动式超低能耗建筑和装配式建筑项目的规划设计条件及容积率核算等相关工作;负责落实被动式超低能耗建筑的容积率奖励政策。

5. 市行政审批局负责生产企业的登记注册及绿色建筑、被动式超低能耗建筑和装配式建筑项目有关审批事项的手续办理工作。

6. 市城乡建设局负责日常调度工作;负责将地块实施绿色建筑星级标准和被动式超低能耗建筑要求、是否使用可再生能源、是否采用装配式建筑技术、实施装配式比例以及预制装配率要求等相关事宜列入建设条件中,并告知市城乡规划中心;负责绿色建筑、被动式超低能耗建筑和装配式建筑项目施工质量和施工安全监管等工作,跟踪在建项目建设情况,及时协调解决问题,总结推广先进经验等相关工作。

7. 市财政局负责落实有关奖补政策;统筹用好各级财政相关资金,对高星级绿色建筑、被动式超低能耗建筑及装配式建筑示范工程、产业基地给予适当资金补助,支持装配式建筑发展。

8. 市工业和信息化局负责鼓励建筑产业化企业技术创新;负责执行建筑产业化企业各项优惠政策;支持企业开拓市场和进行技术改造。

9. 国家税务总局平度市税务局负责落实建筑产业化示范基地(园区)创建、生产企业以及有关推进绿色建筑、被动式超低能耗建筑和装配式建筑发展的税收扶持政策等工作。

10. 市市场监管局负责预制部品构件生产、流通领域的质量监督、抽检等工作。

11. 市公安局、市综合执法局、市交通运输局负责支持建筑部品、部件物流运输工作,在职能范围内,对运输超大、超宽部品部件(预制混凝土及钢构件等)的运载车辆,在物流、交通运输等方面给予支持。

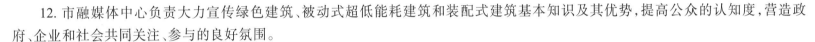

12. 市融媒体中心负责大力宣传绿色建筑、被动式超低能耗建筑和装配式建筑基本知识及其优势，提高公众的认知度，营造政府、企业和社会共同关注、参与的良好氛围。

13. 涉及其他部门的工作，其他部门负责积极予以配合。

本意见自发布之日起施行，有效期至 2025 年 12 月 31 日。

附件：平度市推进绿色建筑、被动式超低能耗建筑和装配式建筑产业化发展工作领导小组成员名单

平度市人民政府办公室

2021 年 3 月 25 日

（此件公开发布）